无人机应用技术专业新形态系列教材

无人机
飞行原理

主　编　张义光　王世群　雷嘉辉

副主编　周　伟　黄婉婷

参　编　卿建东　姚文琳　徐　丹

课件

试题库

校企合作

西南交通大学出版社

·成　都·

图书在版编目（CIP）数据

无人机飞行原理 / 张义光，王世群，雷嘉辉主编.
成都：西南交通大学出版社，2025.6. -- ISBN 978-7
-5774-0411-0

Ⅰ. V279

中国国家版本馆 CIP 数据核字第 2025CN7664 号

Wurenji Feixing Yuanli
无人机飞行原理

主　编／张义光　王世群　雷嘉辉

策划编辑／罗爱林
责任编辑／何明飞
责任校对／谢玮倩
封面设计／吴　兵

西南交通大学出版社出版发行

（四川省成都市金牛区二环路北一段 111 号西南交通大学创新大厦 21 楼　610031）
营销部电话：028-87600564　　028-87600533
网址：https://www.xnjdcbs.com
印刷：四川森林印务有限责任公司

成品尺寸　185 mm×260 mm
印张　10.25　字数　237 千
版次　2025 年 6 月第 1 版　印次　2025 年 6 月第 1 次

书号　ISBN 978-7-5774-0411-0
定价　35.00 元

课件咨询电话：028-81435775

前言
PREFACE

习近平总书记在 2021 年 4 月对职业教育工作作出重要指示"在全面建设社会主义现代化国家新征程中,职业教育前途广阔、大有可为。要坚持党的领导,坚持正确办学方向,深化立德树人,优化职业教育类型定位,深化产教融合、校企合作,深入推进育人方式、办学模式、管理体制、保障机制改革,稳步发展职业本科教育,建设一批高水平职业院校和专业,推动职普融通,增强职业教育适应性,加快构建现代职业教育体系,培养更多高素质技术技能人才、能工巧匠、大国工匠。"

近年来,人工智能技术逐渐完善,推动着无人机行业快速发展;伴随着无人机应用场景的不断拓展,中国已然成为无人机应用的重要市场。目前,无人机已广泛应用于安防、测绘、航拍、农业、环保、交通、通信、气象等诸多领域。无人机产业的高速发展急需大量的无人机专业人才,然而我国无人机职业教育起步较晚,教育过程中缺乏基础、系统、专业教材,为解决这一问题,特编写本书。

本书针对无人机应用技术的现状和未来发展趋势,结合 CAAC 无人机操作人员的理论知识要求,对无人机的飞行原理知识做了比较全面的介绍,为进入无人机应用技术专业的学生提供基础知识讲解和解决问题能力的培养,明确学习方向和发展需求,并具备行业操作人员理论考试中的飞行原理知识结构。其他专业学生在学习了解本教材后,能够拓展其知识面,培养更广泛的兴趣爱好,并将相关的无人机知识和技术运用到实际岗位实践中,提高实际工作能力。

本书依据无人机专业教学指导方案，以及行业、职业技术规范编写而成，非常适合无人机爱好者、职业院校无人机专业等学生学习使用。在内容的选择、编排上，考虑到学生原有知识结构的特点，从简去繁、由易到难，使用大量图片来代替抽象的理论概念，可以让初学者能够快速地掌握无人机飞行原理基础知识，了解不同类型无人机性能特点，提高学习兴趣，为掌握无人机操纵技术打下坚实的基础。

　　本书采用模块化结构，共分三个模块。模块一为基础知识，除简单介绍无人机基础知识外，重点讲解固定翼和旋翼类无人机共性的理论知识，包括空气流动规律、低速空气动力和螺旋桨空气动力；模块二为固定翼无人机飞行原理，对固定翼无人机的平衡、稳定性和操纵性特点进行了较详细的讲解，并对平飞、上升、下降、盘旋的特点和性能进行了分析，对失速、利用轮式起落架的起飞和着陆做了简单介绍；模块三为直升机飞行原理，对旋翼的空气动力特点进行了分析和阐述，对单旋翼带尾桨无人直升机的平衡、稳定性和操纵性特点进行了分析，并对直升机的悬停、平飞、上升、下降和盘旋特点及性能进行了讲解，对多旋翼直升机的操纵特点做了简单介绍。

　　由于受时间和编者水平所限，书中难免有不尽如人意之处，恳请广大读者提出宝贵意见，以便我们修订时加以完善。

　　本书在编写过程中，四川泛美智飞科技有限公司、四川西南航空职业学院等单位及个人给予了大力支持，提供了大量的资料，进行了审核，提出了宝贵建议；西南交通大学出版社为书稿出版做了大量的工作，在此一并表示感谢！

编　者

2025 年 4 月

目 录
CONTENTS

模块 1 基础知识

任务 1　无人机概念分类

学习任务

（1）了解无人机的概念。

（2）了解按照平台结构分类。

一、无人机概念

无人驾驶航空器简称"无人机"，是一种不搭载操作人员，采用空气动力提供升力，利用无线电或机载计算机与导航设备进行自主控制飞行，集成各类有效载荷，可一次性或多次重复使用的飞行器。根据中国民用航空局飞行标准司的规定，无人机（Unmanned Aircraft Vehicle，UAV），是由控制站管理（包括远程操纵或自主飞行）的航空器，也称远程驾驶航空器（Remotely Piloted Aircraft，RPA）。无人机及其配套的通信站、起飞（发射）回收装置，以及无人机的运输、储存和检测等装置又被统称为无人机系统（Unmanned Aircraft System，UAS），也称远程驾驶航空器系统（Remotely Piloted Aircraft Systems，RPAS）。根据任务，无人机系统可分为飞行系统、任务载荷系统、地面控制系统、数据链系统等。飞行系统相当于无人机系统的"心脏"部分，对无人机的稳定性，数据传输的可靠性、精确度、实时性等都有重要影响，对其飞行性能起决定性的作用；任务载荷系统包括无人机执行任务所需携带的各种任务设备，作为无人机执行任务的必要"手段"；地面控制系统主要完成飞行环境监测、飞机性能状态及机载设备监控、起降控制等任务；数据链系统可以保证对遥控指令的准确传输，以及无人机接收、发送信息的实时性和可靠性，以保证信息反馈的及时有效性和顺利、准确地完成任务。

二、按照平台构型分类

无人机按照平台构型不同可以分为固定翼无人机、无人直升机、多旋翼无人机、垂直起降固定翼无人机。

（一）固定翼无人机

固定翼无人机是较早出现的无人机。如图 1-1 所示，固定翼无人机是由动力装置产生推力或拉力，由机身的固定机翼产生升力在大气层内飞行的航空器。尽管固定翼无人机的结构形式不断改进，结构类型也不断增多，但除了少数特殊结构外，大多数由机身、机翼、尾翼、动力装置和起落装置组成。

图 1-1　固定翼无人机

（二）无人直升机

无人直升机是指由无线电地面遥控飞行或自主控制飞行的可垂直起降的不载人飞行器，在构造形式上属于旋翼飞行器，在功能上属于垂直起降飞行器，如图 1-2 所示。无人直升机具有独特的飞行性能及使用价值。常见的无人直升机主要是单旋翼带尾桨直升机，也有少量的共轴式双旋翼直升机。与有人直升机相比，其具有机上无须飞行人员、体积小、造价低和生存力强等特点。与固定翼无人机相比，无人直升机可垂直起降，空中悬停，朝任意方向飞行。其起飞着陆场地小，不必配备像固定翼无人机那样复杂、大体积的发射回收系统。但是，无人直升机也具有缺点，如尾桨及其传动系统重量较大，桨叶叶片少、转速快、噪声大，维持其转动需消耗 7%～10%的动力，另外尾桨暴露在外，增加空气阻力，危及作业安全。

图 1-2　无人直升机

（三）多旋翼无人机

多旋翼无人机是指有三个及以上旋翼的无人机，如图 1-3 所示。多旋翼无人机也可称为多轴无人机，因其机械结构简单、操作便利而深受广大航空爱好者的喜爱，已在日常生产生活中得到广泛应用，如植保、电力巡线、航拍、刑侦以及救援。在近年来的局部战争中，民用消费级多旋翼无人机经简单改装，在战场上也得到了广泛的应用，颠覆了人们对军用无人机结构复杂、体积庞大、性能接近甚至超过有人机的传统印象。

图 1-3　多旋翼无人机

按应用领域不同，对多旋翼无人机的性能要求也有各自的侧重点，故目前市场上已呈现各式各样的无人机构型。尽管多旋翼无人机结构形式多样，但其结构一般由机架、机臂、螺旋桨、电动机、起落架等组成；机控系统一般由动力系统、控制系统、任务载荷三部分组成。其中，动力系统多采用电动，包括螺旋桨、电机、电调、动力电池；控制系统主要是指飞行控制器、信号传输接收设备、遥控器和相关的发射接收天线等组成；任务载荷根据其承担的任务不同进行相应的挂载。

（四）垂直起降固定翼无人机

垂直起降固定翼无人机简称垂起固定翼，是近些年出现的新型无人机，可以在没有跑道的情况下以多旋翼的形式垂直起飞和降落，空中以固定翼的形式飞行，如图 1-4 所示。垂直起降固定翼无人机结合了固定翼续航时间长和旋翼场地需求小的优势，逐渐成为无人机中的新宠。

图 1-4　垂直起降固定翼无人机

任务 2　空气流动规律

学习任务

（1）了解大气层的基本结构。
（2）掌握对流层大气基本物理性质。
（3）了解国际标准大气。
（4）掌握气体流动的基本规律——连续性定理和伯努利定理。
（5）了解伯努利定理的应用。

一、大气层的基础知识

我们生活的地球周围包裹着厚厚的空气层，就是人们常说的大气层，也是无人机飞行时的活动空间。

大气层的构成包括纯干空气、少量的水蒸气和固态的尘埃颗粒三部分，其中纯干空气是指由多种不同化学成分的气体组成的混合气体。空气中含量最多的两种气体是氮气（N_2）和氧气（O_2），分别占空气总量的78%和21%，剩下的1%包含有二氧化碳（CO_2）、一氧化碳（CO）、氢气（H_2）、惰性气体等多种气体，以及水蒸气和尘埃颗粒。水蒸气和尘埃颗粒在大气层中的含量会随时间和地点的不同而变化，并且水蒸气根据温度不同，会以固态、液态或气态的形式存在，它们的运动和变化，是气象条件的主要决定因素。

（一）大气的分层

大气层就像空气构成的海洋，我们生活的地面就是大气海洋的最底部，也是大气中最稠密的部分，随着高度的上升，大气密度越来越小，最后和外太空连接起来，因此大气层的顶部没有一个明确的界线。根据不同高度大气的流动和温度变化特点，可将大气层分为对流层、平流层、中间层、电离层和散逸层五层，如图 1-5 所示。

对流层是大气层的最底层，顾名思义，对流层里的空气流动有上下流动的对流（当然也有水平流动）。形成空气对流的原因是地面吸收了太阳辐射的热量温度升高，紧邻地面的空气被加热，热空气密度减小上升，冷空气下降，形成了对流。对流层的厚度随纬度、季节不同而有一定的差异，从对流层形成的原因可知地面温度越高，空气受热越显著，对流的高度就越高，因此热带、夏天对流层厚度大，寒带、冬季厚度小。对流层的底部就是地面，顶部在赤道上空为 16～18 km，两极上空为 7～8 km，在中纬度地区为 10～12 km。对流层包含了大气中的几乎所有水蒸气和尘埃颗粒，也包含了地球上的所有天气现象，雨、雪、云、雾、霾、雷电等。对流层里气温随高度升高而降低。民用无人机飞行活动的空间大多在对流层。

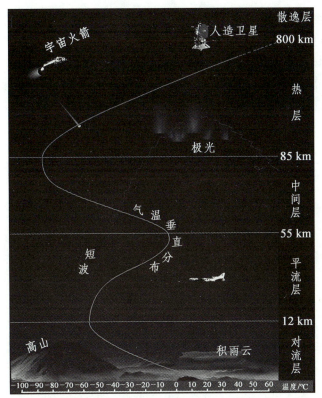

图 1-5　大气层分层

在对流层之上到离地面 55 km 左右的空气层就是平流层。平流层下半部温度几乎不变，约为−50℃，又称为同温层。上半部因为臭氧含量较高（常说的臭氧层位于平流层中），臭氧吸收紫外线后温度有所升高，故气温又有缓慢升高，到平流层顶部升高到 0℃左右。在平流层，空气已没有垂直流动的动力，只有水平流动，且风速稳定，又无水蒸气和尘埃影响，天空清晰湛蓝，能见度高。目前，民用运输机巡航时，大多在对流层顶或平流层底部。

平流层上还有中间层、电离层（热层）和散逸层，航空器一般到不了那样的高度，因此对航空活动几乎没有影响，在此就不做介绍了。

（二）大气的物理性质

对飞行活动有影响的大气物理性质主要有大气温度、大气密度、大气压力、湿度、黏性和压缩性。

1. 大气温度

物体的冷热程度称为温度，大气温度常简称气温，是大气分子做无规则热运动平均速度大小的直接反映。

气温的高低通常用温度表来测量。生活中常用的温度标准有摄氏温标和华氏温标两种，单位分别为摄氏度和华氏度，大多数国家包括我国使用摄氏温标，欧美一些国家使用华氏温标。在摄氏温标中，规定标准大气压下纯水的凝固点为 0℃，沸点为 100℃，将两者的温度差 100 等分，就是每 1℃的温度增量。对应到华氏温标中，分别是 32°F 和 212°F，每1℃的温度增量等于1.8℉的温度增量，因此摄氏度乘1.8再加32就是华氏度了。

物理学计算中，通常用绝对温标来表示物体的冷热程度，单位为开尔文（K），把物体分子无规则热运动的速度降低到 0（即所有分子都停止做无规则热运动）时的温度定义为绝对0度，在摄氏温标中此温度为−273.15℃。绝对温标的变化增量和摄氏温标相同，因此摄氏温度只要加上 273.15 就是绝对温度，可参照图 1-6 的温度换算表对三种温标进行换算。

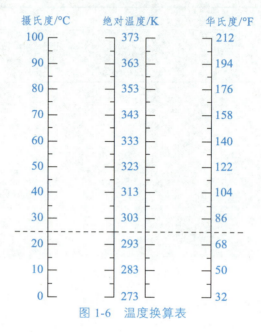

图 1-6　温度换算表

在对流层中，随高度的增加，温度近似呈线性降低，平均高度每升高 1 000 m，温度降低约 6 ℃；平流层下部，气温不再随高度变化，因此该层又称为同温层；平流层上部，随高度增加，气温缓慢上升。

2. 大气密度

密度是单位体积物体的质量，大气密度就是单位体积内的空气的质量。密度越大，说明单位体积内空气分子数量越多，空气就越稠密，反之空气就越稀薄。

随高度增加，大气密度减小，密度随高度的变化率近似指数函数。在海平面、标准大气压、15℃时，空气密度约为 1.225 kg/m³，高度上升到 6 500 m（22 000 ft）时，空气密度约下降一半。大气密度随高度的变化规律如图 1-7 所示。

3. 大气压力

大气压力简称大气压，是物体单位面积上受到的空气的垂直作用力。大气压来自两个方面：一是物体单位面积上方空气柱的重量；另一方面是空气分子做无规则热运动时对物体表面的撞击力。

随高度增加，大气压力减小，与密度的变化相似，大气压随高度的变化率也近似为指数函数。但大气压的变化率超过密度的变化率，高度由海平面上升到 5 500 m（18 000 ft）时，大气压就降低到海平面的一半，大气压随高度的变化规律如图 1-8 所示。

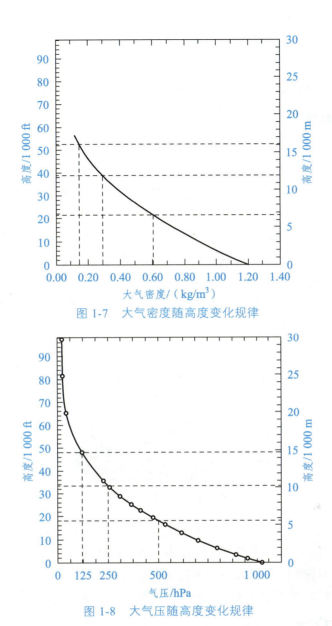

图 1-7　大气密度随高度变化规律

图 1-8　大气压随高度变化规律

大气压的常用单位有毫米汞柱（mmHg）、英寸汞柱（inHg）、百帕（hPa）等，气压的变化经常伴随着天气的变化。

4. 空气的湿度

空气的湿度是指空气的潮湿程度，即空气中水蒸气的含量。气温越高，空气容纳水蒸气的能力越强。在气象学中常用相对湿度（Relative Humidity）来表示空气中的潮湿程度，相对湿度指空气中实际水汽压与当时气温下的饱和水汽压之比，也就是某湿空气中所含水蒸气的质量与同温度和气压下饱和空气中所含水蒸气的质量比值，用百分数表示。

在一定体积的空气中，水蒸气的含量不变，随着温度的降低，空气容纳水蒸气的能力降低，其相对湿度会逐渐增大，当温度降低至相对湿度达到100%时，若再降温，空气中的水蒸气就将开始凝结成液态水滴，此温度称为露点温度。露点温度表示空气中水蒸气的临界状态，气温与露点的差值越大，说明空气的相对湿度越低，空气越干燥；反之空气相对湿度越大，空气越潮湿。空气湿度越大，密度越小。

5. 空气的黏性

流体都有黏性。当流体在管道中流动时，靠近管道中心的流层流速快，靠近管道壁的流层流速慢，相邻两流层之间的接触面上便产生黏性阻力（内摩擦力），以阻止其相对运动，流体具有的这一性质，称为流体的黏性。如河道中的水流，靠近岸边的水流得较慢，河道中心的水流得较快，就是水的黏性影响的结果。空气也具有黏性，只是较小不容易被察觉，我们可以通过实验观察到空气黏性的存在。如图 1-9 所示，铁架台上有上下两个彼此靠近但不接触的圆盘，下部的圆盘由电机带动，上部的圆盘无动力但可自由转动，当通电让下面的圆盘高速转动后，上面的圆盘也跟着向同一方向转动起来。这是因为空气有黏性，紧贴下面圆盘的空气层跟着旋转起来，并带动相邻的空气层也转动，直到带动上面的圆盘转起来。

图 1-9　空气黏性实验

造成空气有黏性的原因是空气分子无规则的热运动，相邻两层流动速度不同的空气层中，流速较慢空气层中的分子热运动进入流速较快的空气层，将该层空气的流动速度拉慢，同样较快的空气层也将较慢的空气层的流动速度拉快。气体的黏性大小与温度、气体的类型、相邻空气层的接触面面积和流动速度差等因素密切相关。

6. 空气的压缩性

空气的压缩性是指空气在压力或温度改变时，会引起密度改变的特性。当空气在流动过程中速度发生变化时，压力也会相应变化，就会引起空气密度变化。当压力减小时，空气将体积膨胀导致密度减小；压力增大时，将导致空气体积缩小密度增大。空气流动速度不大时，压缩性影响不明显，可忽略不计；空气流速较大时（接近或超过音速），由速度、压力变化引起的密度变化就不容忽视。

（三）国际标准大气

航空器是在大气中飞行的，大气条件变化对航空器的性能有很大的影响，为了便于在设计、制造、飞行活动中计算和比较，国际民航组织（ICAO）制定了国际标准大气（International Standard Atmosphere，ISA）。

国际标准大气是人为规定的一个不变的大气环境，ISA 以北半球中纬度地区的大气平均物理性质为基础，加以适当的修订，并规定：

（1）大气为洁净的干空气、理想气体（不考虑黏性）。

（2）海平面高度为 0，大气温度为 15℃（288.15 K、59℉），密度为 1.225 kg/m³，大气压为 760 mmHg（1 013.25 hPa、29.92 inHg），声速为 340 m/s。

（3）对流层顶高度为 11 km（36 089 ft）。

（4）对流层内温度递减率为−6.5℃/km，即每升高 1 000 m 温度降低 6.5℃，或每升高 1 000 ft 温度降低 2℃；高度 11～20 km 为同温层，温度恒定为−56.5℃。

（5）不同高度的空气密度、大气压、音速等参数通过计算得出，见表 1-1。

表 1-1　国际标准大气表

高度/ft	温度/℃	压力			压力比 $\delta=P/P_0$	密度 $\sigma=p/p_0$	音速/kt	高度/m
		hPa	PSI	inHg				
40 000	−56.5	188	2.72	5.54	0.185 1	0.246 2	573	12 192
39 000	−56.5	197	2.58	5.81	0.194 2	0.258 3	573	11 887
38 000	−56.5	206	2.99	6.10	0.203 8	0.271 0	573	11 582
37 000	−56.5	217	3.14	6.40	0.213 8	0.284 4	573	11 278
36 000	−56.3	227	3.30	6.71	0.224 3	0.298 1	573	10 973
35 000	−54.3	238	3.46	7.04	0.235 3	0.309 9	576	10 668
34 000	−52.4	250	3.63	7.38	0.246 7	0.322 0	579	10 363
33 000	−50.4	262	3.80	7.74	0.258 6	0.334 5	581	10 058
32 000	−48.4	274	3.98	8.11	0.270 9	0.347 3	584	9 754
31 000	−46.4	287	4.17	8.49	0.283 7	0.360 5	586	9 449
30 000	−44.4	301	4.36	8.89	0.297 0	0.374 1	589	9 144
29 000	−42.5	315	4.57	9.30	0.310 7	0.388 1	591	8 839
28 000	−40.5	329	4.78	9.73	0.325 0	0.402 5	594	8 534
27 000	−38.5	344	4.99	10.17	0.339 8	0.417 3	597	8 230
26 000	−36.5	360	5.22	10.63	0.355 2	0.432 5	599	7 925
25 000	−34.5	376	5.45	11.10	0.371 1	0.448 1	602	7 620
24 000	−32.5	393	5.70	11.60	0.387 6	0.464 2	604	7 315
23 000	−30.6	410	5.95	12.11	0.404 6	0.480 6	607	7 010
22 000	−28.6	428	6.21	12.64	0.422 3	0.497 6	609	6 706
21 000	−26.6	446	6.47	13.18	0.440 6	0.515 0	611	6 401
20 000	−24.6	466	6.75	13.75	0.459 5	0.532 8	614	6 096
19 000	−22.6	485	7.04	14.34	0.479 1	0.551 1	616	5 791
18 000	−20.7	506	7.34	14.94	0.499 4	0.569 9	619	5 406
17 000	−18.7	527	7.65	15.57	0.520 3	0.589 2	621	5 182
16 000	−16.7	549	7.97	16.22	0.542 0	0.609 0	624	4 877

高度/ft	温度/°C	压力			压力比 $\delta=P/P_0$	密度 $\sigma=p/p_0$	音速/kt	高度/m
		hPa	PSI	inHg				
15 000	−14.7	572	8.29	16.89	0.564 3	0.629 2	626	4 572
14 000	−12.7	595	8.63	17.58	0.587 5	0.650 0	628	4 267
13 000	−10.8	619	8.99	18.29	0.611 3	0.671 3	631	3 962
12 000	−8.8	644	9.35	19.03	0.636 0	0.693 2	633	3 658
11 000	−6.8	670	9.72	19.79	0.661 4	0.715 6	636	3 353
10 000	−4.8	697	10.10	20.58	0.687 7	0.738 5	638	3 048
9 000	−2.8	724	10.51	21.39	0.714 8	0.762 0	640	2 743
8 000	−0.8	753	10.92	22.22	0.742 8	0.786 0	643	2 438
7 000	+1.1	782	11.34	23.09	0.771 6	0.810 6	645	2 134
6 000	+3.1	812	11.78	23.98	0.801 4	0.835 9	647	1 829
5 000	+5.1	843	12.23	24.90	0.832 0	0.861 7	650	1 524
4 000	+7.1	875	12.69	25.84	0.863 7	0.888 1	652	1 219
3 000	+9.1	908	13.17	26.82	0.896 2	0.915 1	654	914
2 000	+11.0	942	13.67	27.82	0.929 8	0.942 8	656	610
1 000	+13.0	977	14.17	28.86	0.964 4	0.971 1	659	305
0	+15.0	1 013	14.70	29.92	1.000 0	1.000 0	661	0
−1 000	+17.0	1 050	15.23	31.02	1.036 6	1.029 5	664	− 305

　　航空器的性能数据均在国际标准大气条件下制定，而实际大气条件很少能与之完全相符，在使用中就需要做相应的修正。由于标准大气各参数都是基于温度计算所得的，修正时主要工作是确定实际大气与标准大气的温度偏差，即 ISA 偏差，如某地海拔 2 000 m，气温为 25℃，标准大气规定 2 000 m 气温为 2℃，该处的 ISA 偏差就是 +23℃，即比标准大气高 23℃。

拓展阅读

国际标准大气中，不同高度的大气密度、大气压、音速的计算方法：

$$\frac{\rho_H}{\rho_0} = \left(\frac{T_H}{T_0}\right)^{4.25588} \tag{1-1}$$

$$\frac{p_\mathrm{H}}{p_0} = \left(\frac{T_\mathrm{H}}{T_0}\right)^{6.25588} \tag{1-2}$$

$$a = 20.05\sqrt{T} = 0.05\sqrt{273.15+t} \tag{1-3}$$

式中 ρ_H，ρ_0，p_H，p_0，T_H，T_0——H 高度和海平面（0 高度）上的大气密度、
　　　　　　　　　　　　　　压力和温度；

　　　　a——声速；

　　　　T——绝对温标的温度；

　　　　t——摄氏温标的温度。

二、空气的流动规律

无人机是重于空气的航空器，当它在飞行时，会与空气有相对运动，空气的物理参数变化，导致了机体上空气动力的变化，无人机就是利用这些空气动力来实现飞行的。空气动力是空气和物体之间有相对运动时产生的，对无人机来说，主要有升力、阻力、旋翼和螺旋桨的拉力等，要了解这些力的产生原因和变化规律，需要先了解空气流动的基本规律。

（一）流体模型化

在对空气流动的研究中，我们通常更多地关注空气流动中对空气动力影响的主要方面，忽略一些影响不大的物理性质，让研究工作简单化。确定在特定的情况下忽略空气的哪些方面的属性，就是流体的模型化。

1. 理想流体

忽略了黏性作用的流体，称为理想流体；考虑黏性作用的流体称为黏性流体。在研究无人机的空气动力时，一般只是在研究阻力时，在紧贴无人机表面的地方（附面层内）考虑空气黏性的影响，其他情况下都不考虑黏性，将空气当作理想流体处理，并且实验、研究结果符合程度非常高。

2. 不可压流体

忽略流体的密度随温度和压力的变化将其视为常量，称为不可压流体。气体是可压缩流体，当空气流过物体时，流动速度和压力发生改变，将会导致密度发生变化，变化量的大小取决于流动速度的大小，当流速不大于音速的 0.3 倍时，密度的变化量很小，为了研究方便可以忽略不计，将空气视为不可压流体。大多民用无人机飞行速度不大，可不考虑压缩性的影响。

3. 绝热流体

不考虑热传导性的流体称为绝热流体。空气低速流动（$M < 0.3$）时，除了在研究诸如发动机散热等热问题外，可以不考虑空气的热传导性，即认为空气流过飞机

时，温度不发生变化。但在空气高速流动（$M > 0.3$）时，就不能再忽略空气的热传导性了。

拓展阅读

飞行速度与飞机所在高度音速的比值称为马赫数，也叫飞行 M 数，高速飞机的飞行速度常用飞行 M 数表示，如协和号超声速客机最大巡航速度达到 $2.04M$，也可写作 $M\,2.04$。

$$M = \frac{v}{a} \tag{1-4}$$

当空气流过物体（如飞机）时，空气密度、温度会发生变化，变化的幅度大小与气流的 M 数有关，M 数越大其影响越大。如速度改变时，密度的变化量为

$$\frac{\mathrm{d}\rho}{\rho} = -M^2 \frac{\mathrm{d}v}{v} \tag{1-5}$$

"−"表示速度与密度变化方向相反，即速度增大密度减小。在研究空气动力时，对低速流动（$M < 0.3$），密度的变化可以忽略不计，将空气当成不可压缩流体。

有的资料将低速流动定义为 $M < 0.4$，只是影响精确程度而已。

（二）相对气流

物体的运动都是相对的，空气与物体的相对运动称为气流，空气与地面之间的相对运动形成的气流常称为风。当无人机在静止的大气条件中以一定速度飞行时，无人机上会产生空气动力；当风以同样的速度吹过静止的无人机时，无人机上也会产生同样的空气动力。

以地面为参照时，无人机在静风条件下飞行时，若以无人机为参照，就是空气流过静止的无人机，其流速和无人机飞行速度大小相同、方向相反。飞机或无人机的相对气流，就是这种空气相对于飞机或无人机的流动，其流动方向与飞行速度相反，如图 1-10 所示。

图 1-10　无人机飞行方向与相对气流

只要相对气流速度大小和方向相同，产生的空气动力就相同。因此，在研究飞机空气动力的产生和变化时，就可以将飞机固定，让空气流过飞机，将空中飞行转化为空气的流动，使研究飞行变得更简单和直观。在设计和制造飞机时常用的风洞实验就是根据相对性原理建立的，其原理如图 1-11 所示。

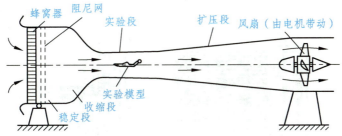

图 1-11　低速风洞

(三) 流线和流线谱

1. 流 线

运动的流体所占据的空间叫作流场。如果流场中某固定点的流体所有状态参数都不随时间变化，这种流动就叫作定常流，或称稳定流动；反之就是非定常流。

在稳定流动中，流场中每点都与速度矢量相切的曲线叫作流线，如图 1-12 所示。流线能直观描述流场上的流动情况，在某一瞬间，凡处于该曲线上的流体的速度方向都与该曲线的切线相重合，由于空间每一点在某一指定瞬时只能有一个速度方向，所以不能有两条流线同时通过一点，即两条流线不能相交。

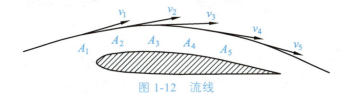

图 1-12　流线

2. 流 管

通过流场中任一闭合曲线（见图 1-13 中的 C）上各点作流线，由这些流线所围成的管子称为流管。由于流管表面是由流线所组成，两条流线又不能相交，因此，流体不能穿越流管表面。这样，流管就好像生活中的水管一样，把流体的流动局限在流管之内或流管之外。

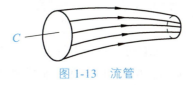

图 1-13　流管

3. 流线谱

由许多流线和涡流组成的、反映流体流动全貌的图形叫作流线谱，也叫流谱。通过烟风洞实验，可以看到空气流过机翼或其他物体的流线谱，图 1-14 所示为翼型的烟风洞实验，图 1-15 所示为通过实验绘制出的几个典型物体的流线谱。

流谱中相邻的两条流线之间的空间也可以看作是流管。从烟风洞实验中绘制出来的几个典型物体的流谱中，可看出尽管不同物体的流谱有所不同，但也有一些共同点：

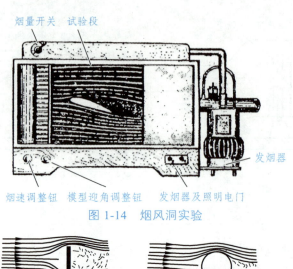

图 1-14　烟风洞实验

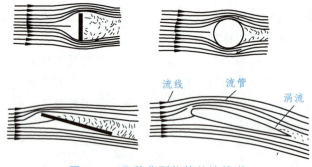

图 1-15　几种典型物体的流线谱

（1）物体的形状不同，流谱就不同；物体在流场中的位置不同，流谱也不同。

（2）气流受阻，流线间的间距变大，流管变粗；物体外凸，流线间的间距小，流管变细。

（3）气流流过物体，在物体后部会形成涡流区。

（4）流谱的形状和流速大小无关。

（四）连续性原理

在稳定流动中，流体连续不断地流过一粗细不同的流管时，在同一时间内，流过流管任一截面的流体质量都相等，这就是连续性原理，是流体流动过程中质量守恒的体现。

如图 1-16 所示的流管中，任取两个垂直于管轴 S 的截面 a—b、c—d，气流由截面 a—b 流入，由截面 c—d 流出。设截面 a—b 的面积为 A_1，该截面处的流速为 v_1，空气密度为 ρ_1；截面 c—d 的面积为 A_2，该截面处的流速为 v_2，空气密度为 ρ_2。单位时间内经截面 a—b 流入的空气质量为 $\rho_1 v_1 A_1$，经截面 c—d 流出的空气质量为 $\rho_2 v_2 A_2$。

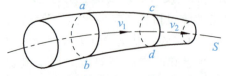

图 1-16　流体流过不同截面的流管

对于定常流动，空气不会在流管中堆积起来，也不会中断，因此经 a—b 流入的空

气质量和经截面 c—d 流出的空气质量是相等的，即

$$\rho_1 v_1 A_1 = \rho_2 v_2 A_2 \tag{1-6}$$

因为 a—b 和 c—d 是任意取的两个截面，所以，沿流管任何截面恒有：

$$\rho v A = C \tag{1-7}$$

此公式称为连续性原理或连续方程，其中 C 为常数，就是单位时间流过流管任一截面的空气质量。连续方程是质量守恒定律应用于运动流体所得到的数学关系式，故又称为质量方程。它是流体流动中最基本又最常用的方程之一。

在低速流动中，通常不考虑流动中空气密度变化，连续方程又可以简化为

$$v_1 A_1 = v_2 A_2 \tag{1-8}$$

或

$$v A = C \tag{1-9}$$

即单位时间流过流管任一截面的空气体积相等。

通过连续方程可得出，当空气稳定、连续地流过一流管时，流管截面积与流速成反比，即流管收缩时，流速增大；流管扩张时，流速减慢。在河流开阔段水流平稳，峡谷段水流湍急，也是这个原理。

（五）伯努利定理

在流体流动过程中，不仅质量守恒，能量也是守恒的。

空气稳定流动时，涉及的能量主要有动能、热能、重力势能和压力能。对于理想气体在低速流动中，内部没有热量产生，也未和外界有热量交换，流管高度变化不大时，也不用考虑重力势能的变化，涉及互相转化的能量就只有动能和压力能。

空气的动能为

$$E_{动} = \frac{1}{2} m v^2 \tag{1-10}$$

流过某一截面积的空气质量

$$m = \rho A v t$$

其中，t 为流动时间，所以动能为

$$E_{动} = \frac{1}{2} \rho A v t v^2 \tag{1-11}$$

压力能的变化可以理解为压力做功的大小，即压力×位移，压力 $F = pA$，一定时间内压力推动空气流过的距离为 vt。根据能量守恒定律，流体动能和压力能之和应该保持不变，即

$$\frac{1}{2} \rho A v t v^2 + p A v t = C \tag{1-12}$$

动能和压力能中都有 Avt（即流体体积），经简化，可表达为

$$\frac{1}{2} \rho v^2 + p = p_0 \tag{1-13}$$

016

此公式是瑞士物理学家丹尼尔·伯努利于 1738 年总结出来的，称为伯努利方程或伯努利定理。其中 $\frac{1}{2}\rho v^2$ 是单位体积流体的动能，称为动压；p 为静压，对于静止空气，就是当地的大气压；p_0 为全压，即单位体积流体动压和静压之和。

伯努利方程可表述为：不可压缩的理想流体在定常流动中，同一流管的任一截面上，流体的动压和静压之和保持不变。流速快的地方，静压小；流速慢的地方，静压大。

结合连续方程可得出：不可压缩的理想流体在定常流动中，流管收缩时，流速加快，静压减小；流管扩张时，流速减慢，静压增大。

拓展阅读

伯努利方程的应用——飞机空速表的指示原理。

用于指示飞机速度的空速表，就是靠测出飞行中的动压来指示空速大小的。从伯努利方程 $\frac{1}{2}\rho v^2 + p = p_0$ 可知，动压是全压与静压之差，只要测出了全压和静压值，就可得到动压。飞机上采用空速管来测全压与静压。大部分飞机的空速管安装在飞机机头最前端或机翼翼尖前方，如图 1-17 所示。空速管前端开有一孔，称为"全压孔"，空速管周围开有一圈小孔称为"静压孔"。飞行中，与飞机速度大小相等、方向相反的相对气流经全压孔流入空速管，在空速管前端的全压室受阻速度减小为零，压力升高到全压值。由于空速管与相对气流基本平行，空速管周围的静压孔感受到的是与流速无关的静压。全压和静压通过相应的接头引出，高度表金属膜盒外连接的大气压，就是从空速管静压接头处接入的。为了防止气温低时空气中的水蒸气结冰堵住全压孔、静压孔，空速管内还设有用于加温除冰的加温电阻和排水孔。

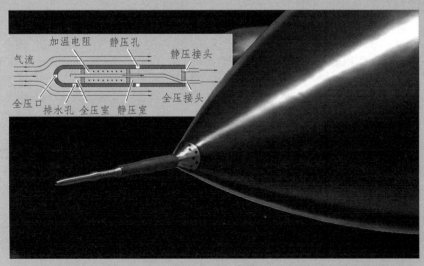

图 1-17　空速管

空速表内部的金属膜盒内连接了从空速管采集来的全压，金属膜盒外连接静压，膜盒内外的压力差就是动压。飞行速度增大，动压增大，膜盒就会膨胀，推动指针上指；飞行速度减小，动压减小，膜盒收缩，带动指针下指。按一定比例刻上刻度盘，就做成了空速表，指针就可以指示飞行速度了，如图 1-18 所示。

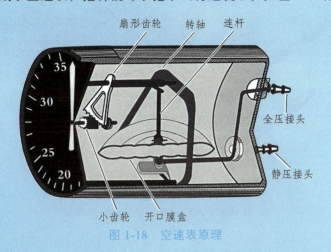

图 1-18　空速表原理

对于一些民用飞机，未安装采集全静压一体的空速管，而是用位于飞机不同位置的全压管（也叫皮托管）、静压孔分别采集，但其原理是相同的。

任务 3　升阻力的产生及影响因素

学习任务

（1）了解机翼的外形特点。
（2）掌握升力和阻力产生的原因。
（3）掌握升力和阻力的变化规律。
（4）了解襟翼的增升原理。

一、机翼的形状

飞机是利用机翼产生的空气动力实现在空中翱翔的，机翼的外形对空气动力的产生和变化有很大影响，要理解空气动力的产生和变化规律，需要对机翼的外形有一定的了解。

（一）机翼的剖面形状

机翼的剖面形状叫作翼型，如图 1-19 所示。早期机翼的翼型大多是模仿鸟类翅膀翼型设计的，现在使用较多的翼型形状主要有平凸型、双凸型和对称型，如图 1-20 所示。

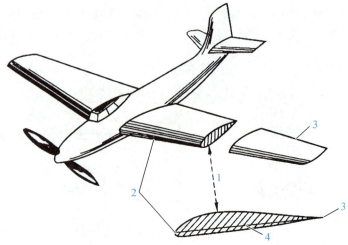

1—翼剖面；2—前缘；3—后缘；4—翼弦。

图 1-19　机翼的剖面形状

（a）早期翼型　　　　（b）平凸翼型　　　　（c）双凸翼型　　　　（d）对称翼型

图 1-20　翼型

不同翼型的特征可以通过其弦长、弯度、厚度等加以描述，如图 1-21 所示。

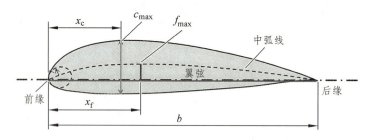

图 1-21　翼型特征

翼型的前端点叫作前缘，后端点叫作后缘，前后缘之间的连线称为翼弦，翼弦的长度称为弦长（b），是翼型的特征参数。

翼弦的垂线和上下表面的交点之间的距离，叫作翼型的厚度（c）。最大厚度与弦长的比值称为相对厚度，也叫作厚弦比，用百分数表示。相对厚度越大，表明翼型越厚，反之则越薄，相对厚度计算方法如下：

$$\overline{c} = \frac{c_{\max}}{b} \times 100\%$$
（1-14）

翼型最大厚度到前缘的距离（x_c）与弦长的比值叫作最大厚度位置，用百分比表示：

$$\overline{x}_c = \frac{x_c}{b} \times 100\%$$
（1-15）

翼型内切圆圆心的连线叫作中弧线，也是各处厚度中点的连线。中弧线与翼弦之间的距离叫作弧高，也叫作弯度（f），最大弯度与弦长的比值叫相对弯度。相对弯度越大，表明翼型的弯曲程度越大。

$$\overline{f} = \frac{f_{\max}}{b} \times 100\%$$ （1-16）

翼型最大厚度到前缘的距离（x_f）与弦长的比值叫作最大弯度位置：

$$\overline{x}_f = \frac{x_f}{b} \times 100\%$$ （1-17）

翼型前缘内切圆的半径叫作前缘半径（r_0），前缘半径越大，表明翼型前缘越圆钝，反之则越尖锐。

（二）机翼的平面形状

从外观上辨识飞机的主要途径就是看机翼的平面形状和气动布局，如图 1-22 所示。当前民用飞机几乎都采用机翼在前、平尾在后的常规布局，常见的机翼平面形状主要有矩形翼、椭圆翼、梯形翼、后掠翼、三角翼等，其中前三种统称平直翼。

椭圆形　梯形　后掠翼　矩形　三角翼

图 1-22　机翼的平面形状

机翼的平面形状参数主要有：

（1）机翼面积（S）：机翼在机身轴线所在的、垂直于飞机对称面的平面上的投影面积。如未加特别说明，机翼面积包含机身所占部分的面积。

（2）翼展（l）：机翼左右翼尖之间的距离称为展长，即翼展。

（3）展弦比（λ）：展长与平均弦长（b_{av}）的比值叫展弦比。低速飞机展弦比较大，高速飞机展弦比较小。

$$\lambda = \frac{l}{b_{av}}$$ （1-18）

（4）后掠角（χ）：机翼上有代表性的等百分比弦线（如前缘线、1/4弦线、后缘线等）与飞机横轴之间的夹角叫作后掠角。后掠角的大小代表机翼向后倾斜的角度，高速飞机大多采用后掠翼，飞机速度越大，采用的后掠角越大。通常不加说明时，后掠角是指1/4弦线与横轴的夹角。

二、升力的产生和变化

飞机能维持在空中飞行，是因为产生了足够的升力克服重力，要改变飞行中飞机的状态，也是通过改变升力的大小和方向实现的。

（一）迎　角

飞机上所有部分都会产生一定的升力，但主要是靠机翼产生的。飞机以一定的速度飞行，可以理解成空气以大小相同、方向相反的速度流过机翼。

在飞行中，相对气流与翼弦方向并不完全一致。相对气流（飞行速度）与翼弦的夹角叫作迎角（α），如图 1-23 所示。迎角有正负之分，相对气流指向机翼下表面时，迎角为正；相对气流指向机翼上表面时，迎角为负；相对气流与翼弦平行时，迎角为零。

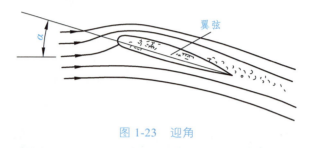

图 1-23　迎角

小贴士

迎角的英文名字叫 angle of attack，简写为 AOA，有的资料直接翻译过来也称为"冲角""攻角"。

想一想

飞机在表演如图 1-24 所示"筋斗"时，各位置的迎角是多大？是正是负？

图 1-24　筋斗特技

（二）升力的产生

飞机在飞行时，通常有一定的正迎角，从图 1-25 可以看出，当空气流过有一定正迎角的机翼时，由于机翼上表面外凸量较大，流动空间被压缩，因此机翼上表面流管变细（流线更密），流速就更快、压力更小；机翼下表面流管更粗，流速就更慢、压力更大。机翼上下表面的压力差，在垂直于相对气流方向上的分量就是机翼的升力。飞机各部分升力的总和，就是飞机的升力。

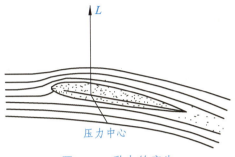

图 1-25　升力的产生

机翼升力的作用点，叫作机翼的压力中心。飞机升力的作用点，叫作飞机的压力中心。

可通过图 1-26 所示的机翼压力分布实验观测机翼各部分对升力的贡献。

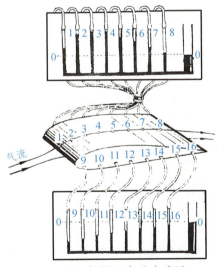

图 1-26　机翼压力分布实验

在一段机翼的上下表面沿弦向分别开有 8 个孔，并通过软管与气压计相连，气压计粗管未连接软管，用于加液和代表基准面。将此机翼置入风洞实验段进行吹风实验，实验结果显示：机翼上表面液柱普遍高于基准面，说明对应点的压力低于周围大气压力，该处压力可称为负压力或吸力；机翼下表面液柱普遍低于基准面，说明对应点的压力高于周围大气压，该处压力称为正压力或压力；液柱和基准面的高度差越大，说明该处的吸力或压力越大。上下表面的压力差就是机翼的升力，机翼上表面吸力大于下表面压力，机翼前段压力差大于后段。因此可得出结论：机翼的升力主要靠上表面吸力产生，且前段对升力的贡献大于后段。

实验结果可通过机翼压力分布图直观反映出来。机翼表面某点的压力与基准面的压力差称为剩余压力（p），剩余压力与未受机翼影响的气流动压之比为该点的压力系数，绘制出机翼表面各点的压力系数如图 1-27 所示，称为机翼的压力分布图。其中，图 1-27（a）称为矢量图，图中的箭头长度就是该点压力系数大小，箭头向外表明是吸力，箭头指向机翼表面表明是压力；图 1-27（b）称为坐标图，图中数值为负表明是吸力，为正表明是压力。

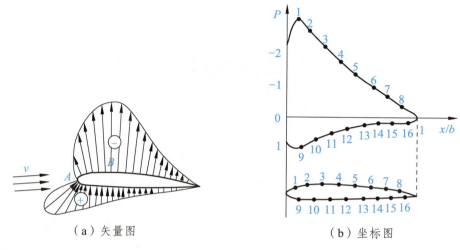

（a）矢量图　　　　　　　　　　（b）坐标图

图 1-27　机翼的压力分布

（三）影响升力的因素

飞机的升力是由机翼上下表面压力差产生的，因此机翼的压力分布对升力的影响很大（压力分布和迎角、机翼的形状等有关），来流的动压（飞行速度、空气密度）也有很大影响，升力的大小可通过升力公式进行计算：

$$L = \frac{1}{2}\rho v^2 c_L S \qquad\qquad (1\text{-}19)$$

式中　ρ——空气密度；

$\qquad v$——相对气流速度，即飞行速度；

$\qquad S$——机翼面积；

$\qquad c_L$——升力系数，是通过实验测得的无因次值，它综合反映了迎角和翼型对升力的影响。

1. 飞行速度对升力的影响

从升力公式可看出，飞行速度越大，升力越大。

2. 空气密度的影响

空气密度越大，升力越大。空气密度受高度和温度的影响，高度越高、温度越高，空气密度越小。因此在高原、高空或高温环境下飞行，飞机要获得足够的升力，需要更大的飞行速度或迎角。

3. 迎角的影响

迎角不同，则机翼表面的压力分布不同，因此升力系数不同，升力系数和迎角的关系如图 1-28 所示。

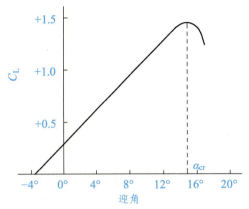

图 1-28　升力系数和迎角的关系

从升力系数曲线上可以看出，曲线有个最高点，就是飞机的最大升力系数，对应的迎角称为临界迎角（α_{cr}）。当迎角小于临界迎角时，升力系数随迎角的增大而增大；超过临界迎角时，升力系数随迎角的增大而减小。

曲线和横坐标轴的交点，升力系数为零，对应的迎角叫作零升迎角（α_0）。大多数机翼上表面外凸程度大于下表面，在 0° 迎角时，也会产生一定的升力，因此零升迎角通常为负。

迎角变化时，不仅升力的大小会发生变化，压力中心也会发生移动。从图 1-29 可看出，小于临界迎角时，随迎角的增大，机翼上表面前半部吸力增大的比例大于后半部，下表面前半部压力增大的比例也大于后半部，因而压力中心前移。超过临界迎角后，由于机翼上表面前部吸力大幅减小，后部吸力有所增加，又使压力中心后移。

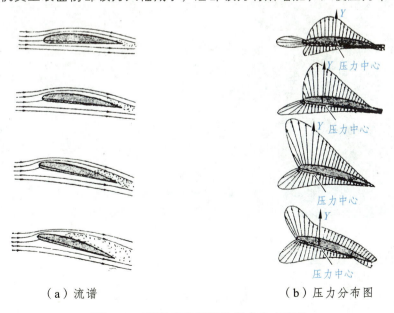

（a）流谱　　　　　　　　（b）压力分布图

图 1-29　迎角变化引起的压力中心变化

4. 翼型的影响

翼型的相对弯度越大，升力越大，相对弯度位置、厚弦比等对升力也有影响。

5. 机翼面积的影响

机翼面积越大，升力越大。

早期的飞机飞行速度低，重量大的飞机就需要更大的机翼面积，同时受到制造工艺的限制，很难制造出大面积机翼，为了解决这一问题，就设计制造出了双翼机甚至三翼机。

飞机做任何机动，都是飞行员操纵飞机改变升力的结果。尽管影响飞机升力的因素很多，在实际飞行中，由于翼型、机翼面积已固定，空气密度是飞行员无法改变的，能改变的只有迎角和飞行速度。

拓展阅读

升力系数的测定，是将飞机置入如图 1-30 所示的风洞试验段，通过吹风测出飞机的升力，通过计算就可测出升力系数。

$$L = \frac{1}{2}\rho v^2 c_{\mathrm{L}} S \rightarrow c_{\mathrm{L}} = \sqrt{\frac{2L}{\rho v^2 S}} \tag{1-20}$$

机翼的压力分布决定了飞机的升力系数，压力分布与迎角和翼型密切相关，但已定型的飞机机翼形状已固定，升力系数就只随迎角而变化，在试验中改变迎角就可测出不同迎角的升力系数。

图 1-30 飞机风洞试验

三、阻力的产生和变化

飞机在大气中飞行，空气也会对飞机的运动产生阻碍作用，即产生阻力。阻力的方向与飞行速度相反，与相对气流方向一致。飞行中阻力需要用发动机的拉力克服，阻力大就需要用到较大的推力，会导致飞机的续航能力下降、飞行成本提高，但没有阻力飞机又无法稳定飞行。

根据阻力产生的原因不同，可分为摩擦阻力、压差阻力和诱导阻力。其中，摩擦阻力、压差阻力与空气的黏性、附面层有关，诱导阻力主要与飞机的升力有关。

小贴士

高速飞行时，飞机表面出现了超音速气流，会形成激波，产生激波阻力，简称波阻。

（一）附面层的形成和摩擦阻力

1. 附面层形成

空气是有黏性的流体，当空气流过飞机表面时，由于飞机表面不绝对光滑，紧贴飞机表面的那层空气受到机体的阻滞和吸附作用，流速减小到零。由于空气有黏性，黏性是分子做无规则热运动的结果，这层向后流速为零的空气分子运动到紧邻的空气层，与该层做热运动的分子发生弹性碰撞，弹性碰撞的结果是速度互换，导致该层空气向后流动速度变慢，即相邻的空气层流动速度被拉慢。这样层层向外影响下去，就在紧贴飞机表面形成了气流速度沿飞机表面法线方向逐渐增大的空气薄层，就是附面层。沿飞机表面法线方向向外，空气的流速由零逐渐增大，当增大到主流速度的99%时，就认为脱离了附面层，主流速度99%界限就是附面层边界。

空气流过任何不绝对光滑的固态物体都会形成附面层。沿飞机表面法线方向单位距离空气流速变化的大小叫作速度梯度$\left(\dfrac{\partial v}{\partial y}\right)$，图 1-31 显示了空气流过物体表面时，附面层的边界和速度梯度。

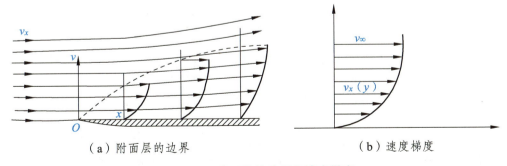

（a）附面层的边界　　　　　　　　　　（b）速度梯度

图 1-31　附面层的边界和速度梯度

2. 附面层的特点和种类

附面层有两大特点：附面层内沿物面法线方向压力不变且等于主流压力；附面层的厚度随流经物面的距离增长而增厚。

附面层内沿物面法线方向压力不变，且等于主流压力。因此，在分析附面层内气体的压力时，可以直接采用附面层外的主流压力来分析。

空气流经物体表面形成附面层后，紧贴附面层的空气受到附面层内空气黏性的影响，流速逐渐减小而变成附面层内的气流，因此空气流经物体表面的距离越长，形成的附面层就越厚。大型飞机从机翼前缘开始，附面层逐渐增厚，流过机翼 $1 \sim 2\,m$ 时，厚度可达数厘米。

附面层内的空气根据流动特点不同，可分为层流附面层和紊流附面层两类。层流附面层是指在附面层内，沿物面法线方向，空气保持分层流动，各层空气间尽管有一定的速度差，但互不混淆，即空气微团没有明显的上下乱动现象。而紊流附面层内的空气除了沿物面的流动外，还有明显的沿物面法线方向的上下混动，各层空气间有强烈的混合，没有明显的分层了。

以空气流过机翼形成附面层为例，在机翼前段一般是层流附面层，后段是紊流附面层，如图 1-32 所示。层流附面层和紊流附面层之间的过渡区域可看作一点，称为转捩点。使层流附面层转捩为紊流附面层的原因是层流本身的不稳定和物面不光滑的扰动作用。

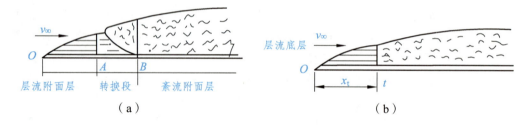

（a）　　　　　　　　　　　　　　（b）

图 1-32　转捩段

紊流附面层的厚度比层流附面层大。紊流附面层由于各层强烈混合，导致层与层间的速度差别小，因此速度梯度比层流附面层的小，但紊流附面层的底层受到物面的影响仍保持层流，层流底层的速度梯度则远大于层流附面层，如图 1-33 所示。

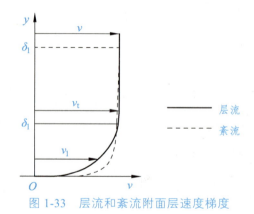

图 1-33　层流和紊流附面层速度梯度

3. 摩擦阻力

飞行中，空气流过飞机表面，在飞机表面形成附面层。紧贴飞机表面的气流速度减小到零，由于飞机表面不绝对光滑，阻碍了空气的流动，即飞机对空气施加了阻碍其流动的阻力。根据作用力与反作用力的规律，空气也对飞机施加了同样大小的阻碍飞机前进的阻力。附面层下层的空气通过黏性牵扯了上层空气的流动，同理，上层空气也给下层空气以牵扯力。这种和飞行方向相反、起阻碍飞机飞行的作用力，是由于附面层内层与层之间的牵扯导致的，称之为摩擦阻力。

摩擦阻力的大小和附面层的速度梯度有关，紊流附面层的层流底层速度梯度大，所以紊流附面层产生的摩擦阻力比层流附面层的大。

摩擦阻力的大小除与附面层的类型有关，还与飞机表面质量（粗糙程度）、飞机表面积直接相关，表面越粗糙、与气流的接触面积越大，摩擦阻力越大。表面质量取决于制造工艺，一定的时期内不会有较大的提升，在飞机、无人机的使用过程中，会有一些永久变形、锈蚀、附着物等会使表面质量下降，导致摩擦阻力增加。

（二）附面层分离和压差阻力

1. 附面层分离

空气流过机翼上表面时，从前缘起，主流的流管逐渐变细、流速逐渐加快、压力逐渐减小；流至流场中翼面最突出点时，流管最细、流速最快、压力最小，此处为最低压力点；此后流管逐渐变粗、流速减慢、压力又逐渐增大。在最低压力点之前，沿着流动方向，压力是逐渐降低的，空气微团前后的压力差会使它加速流动，称为顺压梯度 $\left(\dfrac{\partial p}{\partial x} < 0\right)$；最低压力点之后，沿着流动方向，压力是逐渐升高的，空气微团前后的压力差会使它减速流动，称为逆压梯度 $\left(\dfrac{\partial p}{\partial x} > 0\right)$，如图 1-34 所示。

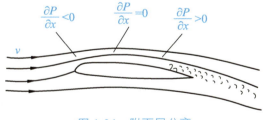

图 1-34　附面层分离

由于附面层内的压力沿物面法线方向压力不变且等于主流压力，我们就可以用主流压力变化来分析附面层内的压力变化。附面层内的空气沿机翼上表面的流动中，流速受机翼表面摩擦的影响逐渐减小，同时也要受到沿途压力变化的影响。在最低压力点之前是顺压，顺压使附面层内的气流加速流动，但由于摩擦影响，速度增加不会太多；在最低压力点后，逆压和摩擦的双重作用，会使流速减小很快，到达最低压力点后某一点时，如图 1-35 中的 S 点，附面层内靠翼面很近的气流速度减小到零；在 S 点后，附面层内的气流在逆压的继续作用下开始倒流。附面层内倒流而上的空气与顺流而下的空气相遇，会拱起而脱离翼面，并被主流卷走，形成大量旋涡。附面层内的气流不能再贴着翼面流动，形成附面层分离，也叫气流分离，附面层气流开始离开翼面的 S 点称为分离点。

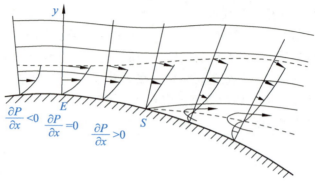

$$\frac{\partial P}{\partial x}<0 \quad \frac{\partial P}{\partial x}=0 \quad \frac{\partial P}{\partial x}>0$$

图 1-35　附面层分离点

2. 压差阻力

空气流过机翼时，在机翼前缘受到阻挡，流速减慢、压力增大，形成高压区；在机翼后缘，气流分离形成涡流区。在涡流区内，空气不停旋转，相互摩擦，一部分机械能不可逆转地转化为热能散发掉，导致压力降低甚至低于未受扰动的大气压力。机翼前后压力差与飞行速度方向相反，起阻力作用，这种由于附面层分离而导致机翼前后压力差形成的阻力，称为压差阻力。飞机各部分压差阻力的总和就是飞机的压差阻力。

机翼和机身的结合部中段，机翼表面和机身表面都在外凸，导致流动空间更小，流管收缩得更细、流速更快、压力更低；在结合部后段，机翼表面和机身表面都在收缩，使流动空间更大，流管扩张更多，流速更慢、压力更大。因此，结合部逆压梯度增大，分离点前移，涡流区扩大，如图 1-36 所示，使机翼、机身组合体的压差阻力比单个机翼和单个机身的压差阻力之和还大。多出来的这部分阻力是由于机翼和机身相互干扰所引起的，称为干扰阻力。尾翼和机身结合部、机翼和发动机等其他结合部，也会产生干扰阻力。为了减小干扰阻力，设计制造飞机时，在机翼与机身、尾翼与机身等结合部，都装有整流蒙皮。

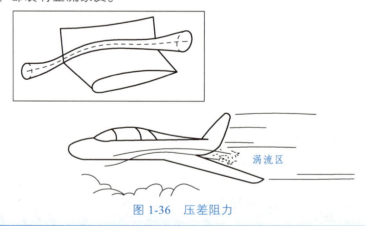

图 1-36　压差阻力

小贴士

有的资料把干扰阻力单列出来,认为亚音速飞机的阻力根据产生原因不同可分为摩擦阻力、压差阻力、干扰阻力和诱导阻力四种。

（三）诱导阻力

诱导阻力是伴随飞机升力的产生而产生的阻力，或者说是由升力"诱导"出来的阻力。

机翼产生升力时，下表面压力大、上表面压力小，下表面压力大的气流会绕过翼尖流向上表面，如图 1-37 所示。这样，机翼下表面的气流除了向后流动外，还有偏向翼尖方向的速度，上表面的气流则偏向翼根。空气流过机翼后缘、上下表面气流汇合时具有不同的流向，就会形成旋涡，在机翼后会形成一排旋涡面，并在机翼后不远处卷成两个大涡索，称为翼尖涡。从机翼后方向前看，左翼的翼尖涡顺时针旋转，右翼的翼尖涡逆时针旋转。

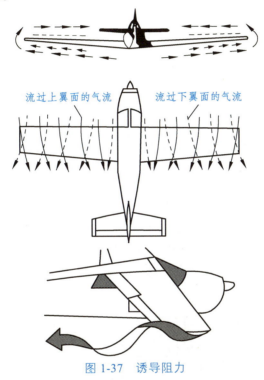

流过上翼面的气流　　流过下翼面的气流

图 1-37　诱导阻力

在机翼范围内，翼尖涡的速度是向下的，称为下洗速度（w）。流过机翼的空气，是沿着相对气流速度（v）和下洗速度的合速度方向流动的，相对于飞行速度来说，流过机翼的气流发生了向下倾斜，这种向下倾斜的气流叫作下洗流，下洗流流速为 v'，向下倾斜的角度叫作下洗角（ε），如图 1-38 所示。

实际流过机翼的气流是下洗流，产生的实际升力（L'）就是垂直于下洗流的，相对于飞行速度的垂直方向，向后倾斜了一个角度（ε）。向后倾斜的实际升力起两个作用：与飞行速度方向垂直的分力起升力作用，叫作有效升力（L）；与飞行速度方向平行的分力起阻力作用，就是诱导阻力（D_i）。

可见，诱导阻力是伴随着升力的产生而产生的，如果没有升力产生（如零升迎角时），上下翼面就没有压力差，也就没有空气沿翼展方向的流动，就没有翼尖涡，也就没有诱导阻力。有的飞机设计了翼尖小翼，能较好地阻挡下表面气流向上表面的流动，翼尖涡的强度明显减弱，减小了诱导阻力。

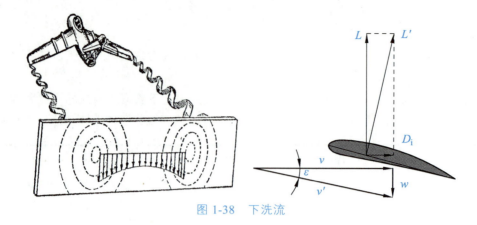

图 1-38　下洗流

（四）影响阻力的因素

飞机阻力的大小，可用阻力公式计算：

$$D = \frac{1}{2}\rho v^2 c_D S \qquad (1-21)$$

式中，c_D 为阻力系数，是通过实验测得的无因次值，它综合反映了迎角、飞机形状（含机翼形状、机身形状、尾翼形状、外挂物及组合情况等），以及飞机表面光滑程度对阻力的影响。

1. 迎角对阻力的影响

将实验测得的不同迎角的阻力系数绘制成一条曲线，就是阻力系数曲线，如图 1-39 所示。从曲线上看出，随着迎角增大，阻力系数一直增大。在中小迎角下，阻力系数随迎角增大缓慢；大迎角下，阻力系数随迎角增加较快；接近或超过临界迎角，阻力系数随迎角的增加剧增。

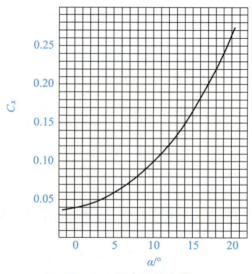

图 1-39　阻力系数曲线

摩擦阻力随迎角变化不大。

压差阻力在中小迎角下变化不大；大迎角下，机翼后缘气流分离区域明显扩大，使压差阻力明显增大；接近或超过临界迎角后，增大迎角，机翼表面发生严重气流分离，机翼后缘压力减小很多，导致压差阻力急剧增加。

在临界迎角范围内，随迎角增大，不仅升力增大，而且翼尖涡增强，气流下洗角增大，导致诱导阻力迅速增加。

2. 翼型和机身形状对压差阻力的影响

翼型不同，压差阻力不同。相对弯度较大的翼型，上表面弯曲程度更大，会使最低压力点的压力小，其后的逆压梯度大，同一迎角下的分离点更靠前，涡流区更大，致使压差阻力大。例如，迎角、厚弦比相同的平凸型翼型比双凸型的压差阻力大。

机身形状不同，压差阻力也不同。尖头尖尾的流线型机身，压差阻力较小；钝头机身，由于气流受机身头部的阻挡，流速减慢，压力增大，压差阻力增大；如果机身尾部是突断面，会使后部的涡流区加大，形成底部低压区，使压差阻力增大，增大的部分也称底部阻力。

3. 展弦比对诱导阻力的影响

同样面积的机翼，展弦比小，机翼的平面形状就宽而短。在相同升力下，翼尖部分的升力占比大，翼尖涡强，对机翼中部影响也较显著，平均下洗速度大，诱导阻力就大。相反，展弦比大，诱导阻力就小。

飞机的诱导阻力还与机翼的平面形状有关，在其他条件相同时，理论计算和实验都表明，椭圆翼的诱导阻力最小，矩形翼的诱导阻力最大。

四、升阻比和飞机极曲线

（一）升阻比

设计制造或选用飞机时，都希望飞机的升力尽可能的大、阻力尽可能的小，但是升力大的飞机往往阻力也比较大。从升力公式和阻力公式也可看出，很多因素既影响升力，也影响着阻力，如为了获得较大的升力而增加了机翼的弯度，阻力也会随之增大。要全面判断飞机的气动性能，不能仅看升力，也不能单看阻力，通常用升阻比作为判断标准。

同一迎角下，飞机升力和阻力之比（或升力系数和阻力系数之比）叫作升阻比，用 K 表示，即

$$K = \frac{L}{D} = \frac{c_L}{c_D} \tag{1-22}$$

升阻比越大，说明在该迎角下，获得同样的升力，阻力越小，或者产生同样的阻力，获得的升力越大，飞机的空气动力性能就越好，对飞行就越有利。反之，升阻比小，飞机的空气动力性能就越差，对飞行就越不利。

由于升力系数和阻力系数都随迎角和翼型变化，而对于具体的飞机来说，飞机形状、翼型等是固定的，升力系数和阻力系数就只随迎角变化。将不同迎角下的升阻比

计算出来，就可绘制出升阻比曲线，如图 1-40 所示。

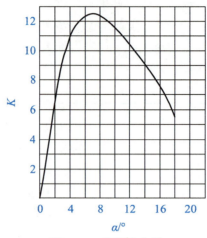

图 1-40　升阻比曲线

从升阻比曲线可看出，升阻比有一个最大值，对应的迎角称为有利迎角（α_{op}）。从升阻比曲线上还可看出升阻比随迎角的变化规律：当迎角小于有利迎角时，升阻比随迎角的增大而增大；迎角等于有利迎角时，升阻比达到最大；超过有利迎角后，升阻比随迎角的增大而减小。

飞机的升力和阻力的合力叫作总空气动力，飞机升力和总空气动力之间的夹角称为性质角（θ），如图 1-41 所示。性质角越大，说明总空气动力向后倾斜程度越大；通过分析也可得出，性质角越大，升阻比就越小。

$$\tan\theta = \frac{D}{L} = \frac{c_D}{c_L} = \frac{1}{K} \qquad\qquad （1-23）$$

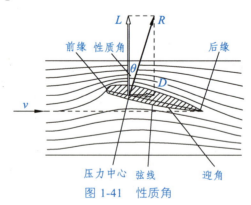

图 1-41　性质角

（二）飞机极曲线

通过升力系数曲线、阻力系数曲线和升阻比曲线，可以综合反映飞机的气动性能，但需要几条曲线配合进行判断。

为了更方便地分析飞机的综合性能，引入了飞机极曲线：以升力系数为纵坐标、阻力系数为横坐标、迎角为参变量，将飞机的升力系数、阻力系数随迎角变化的规律用一条曲线反映出来，即飞机极曲线，也叫作飞机极线，如图 1-42。

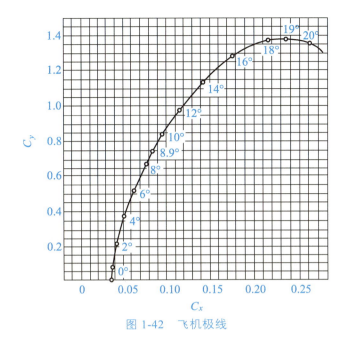

图 1-42　飞机极线

从飞机极曲线上可查出：

1. 各迎角下的升力系数、阻力系数

曲线上每点对应一个迎角，从左到右迎角增大。对应的纵坐标是该迎角的升力系数、横坐标是阻力系数。曲线最高的点是临界迎角和最大升力系数，与横坐标轴的交点对应零升迎角和零升阻力系数。

2. 升力系数和阻力系数随迎角的变化规律

可看出随迎角增大，升力系数先增大后减小，阻力系数一直增大，大迎角时曲线向右偏斜量增大，表明阻力增大明显。

3. 各迎角的升阻比和升阻比随迎角的变化规律

曲线上任一点与原点的连线就是该迎角总空气动力的方向，连线与纵坐标轴的夹角就是性质角，性质角正切的倒数就是该迎角的升阻比。从原点向曲线作切线，可得到最小性质角和最大升阻比，对应的迎角就是有利迎角。在小于有利迎角时，随迎角增大，曲线逐渐靠近切线，表明性质角越来越小、升阻比越来越大；大于有利迎角后，随迎角增大，曲线逐渐远离切线，表明性质角越来越大、升阻比越来越小。

五、增升装置

飞机的升力随速度和迎角变化，与速度的平方成正比，在高速飞行时，不需要多大的迎角和升力系数，就能获得足够的升力。但在起飞着陆时，飞机的速度较低，要想获得足够的升力，就需要较大的迎角和升力系数，但迎角又不能太大，升力系数也就不可能太大。为了在速度小的起飞着陆阶段提高升力，让飞机能以不太大的速度离地和接地，缩短起飞着陆滑跑距离，改善起飞着陆性能，一些通过滑跑起飞着陆的固定翼无人机和几乎所有固定翼有人飞机设计了增升装置来增大升力。

实现增升的措施主要从三方面入手：增大机翼的弯度以提高升力系数；增大机翼的面积；进行附面层控制，延缓机翼上表面气流分离。

常见的增升装置有后缘襟翼、前缘襟翼和前缘缝翼。

（一）后缘襟翼

后缘襟翼一般安装在机翼后缘内侧，也有的安装在机身下方并延伸到翼根部分。根据结构不同，可分为简单襟翼、分裂襟翼、后退襟翼、开缝襟翼和后退开缝襟翼等。

简单襟翼外形和副翼类似，但只能向下偏转，如图 1-43 所示。放下简单襟翼后，增大了翼型的弯度，使机翼上表面气流速度更快、压力更低；机翼下表面气流更加受阻，压力增大，所以同一迎角的升力系数增大。放下简单襟翼后，机翼后缘分离区扩大使压差阻力增大，升力系数增大后也导致诱导阻力增大，因此阻力系数增大，且增大比例比升力系数的增大比例大，导致升阻比降低。

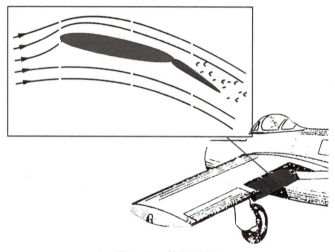

图 1-43　简单襟翼

分裂襟翼在襟翼部分机翼上下表面是独立的两部分，上表面是固定的，下表面是可开合的。其未放下时上下表面贴合在一起，放下时上表面不动、下表面向下张开，如图 1-44 所示。放下分裂襟翼后，在襟翼后出现低压的涡流区，对上表面的气流有吸引作用，使上表面气流速度加快、压力降低，还延缓了上表面气流分离；机翼下表面气流受阻、压力增大。分裂襟翼放下后同一迎角升力系数增大，增升效果比简单襟翼要好，但阻力增大的比例仍大于升力增大比例，因此升阻比下降。

后退襟翼在襟翼位置的机翼上下表面也是分开的，但和分裂襟翼不一样的是在放下襟翼时，下表面的襟翼部分向后滑动并向下弯曲，如图 1-45 所示。放下后退襟翼后，不但增大了机翼的弯度，还增大了机翼面积，增升效果较好，但升阻比也会下降。

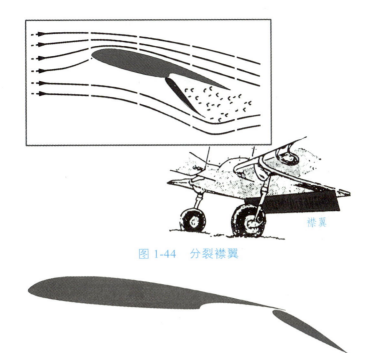

图 1-44　分裂襟翼

图 1-45　后退襟翼

　　开缝襟翼在简单襟翼的基础上做了改进，放下时除了增加了弯度，襟翼前缘与机翼之间还形成一条缝隙，如图 1-46 所示。放下开缝襟翼后，机翼下表面的高压气流可通过缝隙高速流向上表面后缘，增加了上表面后缘附面层内空气的流动能，延缓了气流分离，增升效果好，临界迎角却减小不多。

图 1-46　开缝襟翼

　　后退开缝襟翼是后退襟翼与开缝襟翼的结合，如图 1-47 所示。放下开缝襟翼时，襟翼后退并与机翼间形成缝隙，增大了弯度和机翼面积，还延缓了气流分离，兼有后退襟翼和开缝襟翼的优点，被现代大型飞机广泛采用，有的飞机还开两道甚至三道缝隙。

图 1-47　后退开缝襟翼

（二）前缘缝翼

前缘缝翼是安装在基本机翼前缘的一段或者几段狭长小翼。当前缘缝翼张开时，它与基本机翼前缘表面形成一道缝隙，如图1-48所示。前缘缝翼张开后和开缝襟翼一样，下翼面高压气流通过缝隙加速而流向上翼面，增大了上翼面附面层中气流的流动能，延缓了上翼面的气流分离，可增大飞机的临界迎角，使最大升力系数提高。但如果在小迎角下前缘缝翼张开，下翼面气流流到上翼面后，反而会降低上下翼面的压力差，降低机翼的升力，所以前缘缝翼大多在大迎角下才张开。

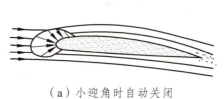

（a）小迎角时自动关闭　　　　　　　（b）大迎角时自动打开

图1-48　前缘缝翼的作用效果

拓展阅读：前缘襟翼

除后缘襟翼外，许多高速飞机还设计了如图1-49所示的前缘襟翼。

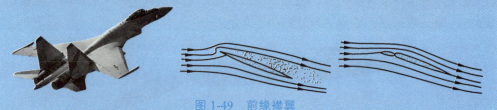

图1-49　前缘襟翼

超音速飞机的机翼前缘一般较尖、相对厚度较小，大迎角飞行时，机翼上表面从前缘附近就开始产生气流分离，导致最大升力系数降低。此类飞机一般在机翼前缘安装类似后缘简单襟翼的前缘襟翼，大迎角时放下，减小了前缘与相对气流之间的夹角，也增加了翼型的弯度，使气流就能较平顺地沿着机翼上表面流动，延缓了气流分离，使飞机的临界迎角和最大升力系数都增大。

高亚音速飞机机翼前缘比超音速飞机的钝，前缘一般采用可分裂的克鲁格襟翼。前缘襟翼收起时紧贴机翼前缘的下表面，放下时绕前缘向前下方翻转，增大机翼弯度的同时又增大了机翼面积。

（三）放襟翼后空气动力性能变化

从图1-50放襟翼后的升力系数曲线和极曲线可看出放下襟翼后，飞机的空气动力性能有以下变化：

（1）同一迎角下的升力系数普遍增大。

（2）同一迎角下的阻力系数普遍增大。

（3）同一迎角下的升阻比减小。

（4）临界迎角减小，但最大升力系数是增大的。

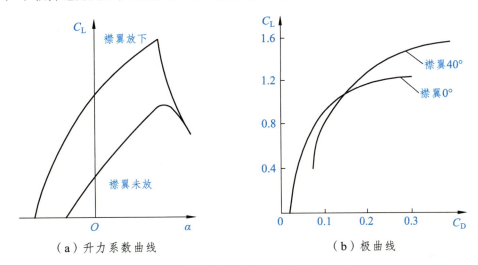

（a）升力系数曲线　　　　　　　（b）极曲线

图 1-50　放襟翼后升力系数曲线和极曲线

　　襟翼放下后升力系数普遍增大，可以在小速度下获得较大的升力，通常在起飞着陆过程中使用，用以降低起飞离地速度和着陆接地速度，缩短起飞和着陆的滑跑距离。但因放下襟翼后阻力也增大、升阻比下降（部分后退开缝襟翼在放下角度较小时，升阻比会略有增大），起飞和着陆过程中襟翼的使用有所不同。起飞过程是加速的过程，为了不对加速影响过大，通常只放下较小的角度；着陆过程是减速过程，阻力大有助于减速，故放大角度襟翼，通常是全放。

六、地面效应

　　飞机在起飞、着陆或者贴近地面飞行时，流过飞机的气流会受到地面的影响，使飞机产生的空气动力、力矩发生变化，这种现象称为地面效应（简称地效）。

　　飞机贴近地面飞行时，流过机翼下表面的气流会受到地面的阻挡，使流速减慢、压力增大；由于受到地面阻挡，一部分气流会改从机翼上表面流过，使上表面前段气流速度更大、压力更低。地面效应使机翼上下表面压力差增大、升力系数增大。

　　地面效应会使流过机翼的气流下洗受到阻挡，造成下洗角减小，使诱导阻力减小，使飞机的阻力系数减小。飞机的升力系数增大、阻力系数减小，造成飞机同一迎角的升阻比增大。地面效应对升力系数的影响如图 1-51 所示。

　　地面效应使下洗角减小了，造成水平尾翼的有效迎角增大，平尾产生的负升力减小，对飞机形成的上仰力矩减小，飞机有下俯的趋势。

　　地面效应随着飞机离地高度升高而减弱，飞机离地高度在一个翼展之内时，地面效应对飞机有影响，且离地越近地面效应的影响越大，当离地超过一个翼展高度后，就可忽略地面效应的影响了。

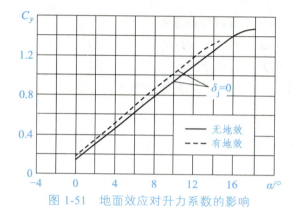

图 1-51　地面效应对升力系数的影响

任务 4　螺旋桨空气动力

学习任务

（1）了解螺旋桨的相关参数。
（2）掌握螺旋桨拉力的产生和影响因素。
（3）了解螺旋桨的副作用。

电动、活塞式、涡桨式无人机都需要通过螺旋桨才能将发动机输出的扭矩转化为驱动飞机前进的力，因此螺旋桨的性能影响到拉力的大小和飞机的性能。根据旋转方向不同，螺旋桨可分为左转螺旋桨和右转螺旋桨，以有人机从驾驶舱视角观看，顺时针旋转的螺旋桨为右转螺旋桨，反之为左转螺旋桨。

一、螺旋桨简介

（一）螺旋桨的几何参数

螺旋桨主要由桨叶、桨毂和桨叶变距机构组成，如图 1-52 所示。

桨叶的平面形状主要有椭圆形、矩形和马刀形等，如图 1-53 所示，其中椭圆形使用较多。

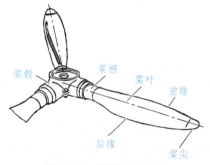

图 1-52　螺旋桨的构成

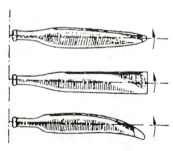

图 1-53　桨叶的平面形状

螺旋桨旋转时，桨尖所画圆的直径称为螺旋桨直径，桨尖所划过的平面称为螺旋桨旋转面，如图 1-54 所示。

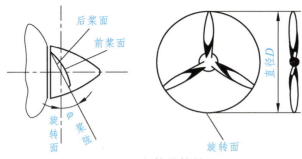

图 1-54 螺旋桨旋转面

桨叶的剖面形状称为桨叶剖面，与机翼翼型类似，前后桨面分别对应着机翼的上下表面，如图 1-55 所示。桨叶剖面前缘与后缘的连线叫作桨弦（b），桨弦与旋转面之间的夹角叫作桨叶角或桨距（φ）。桨叶角不能改变的螺旋桨称为定距螺旋桨，桨叶角可以改变的则称为变距螺旋桨。大型固定翼无人机和大多数固定翼有人机都采用变距螺旋桨，小型固定翼无人机多采用定距螺旋桨。

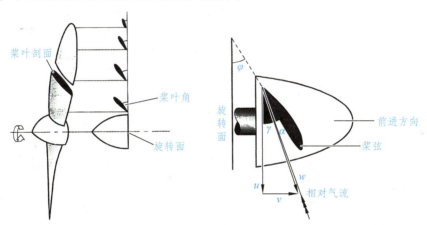

图 1-55 螺旋桨桨叶剖面

（二）螺旋桨的运动

飞行中，螺旋桨是在一面旋转一面前进的，桨叶上每一点的运动轨迹都是一条螺旋线，如图 1-56 所示。因此运动中的桨叶剖面具有两种速度：一是前进速度，即飞行速度（v）；二是因旋转而产生的圆周速度，也叫作切向速度（u），其大小取决于螺旋桨转速和剖面半径。

切向速度与前进速度的合速度，叫作桨叶剖面的合速度（w），如图 1-57 所示。桨叶剖面的合速度

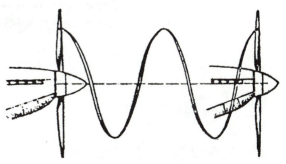

图 1-56 螺旋桨桨叶上一点的运动轨迹

方向，可用前进比（λ）表示，是飞行速度和螺旋桨转速与直径的乘积之比，也叫作相对进距。

$$\lambda = \frac{v}{nD}$$ （1-24）

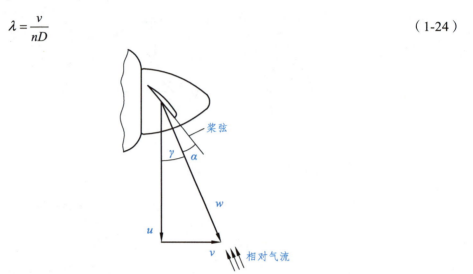

图 1-57　桨叶剖面的速度

合速度与旋转面之间的夹角叫作入流角（γ），入流角大，说明合速度偏离旋转面多，反之则是合速度接近旋转面。桨叶剖面相对气流方向（即合速度方向）与桨弦之间的夹角叫作桨叶迎角（α），桨叶迎角随桨叶角、飞行速度和螺旋桨转速的变化而变化。

$$\alpha = \varphi - \gamma = \varphi - \arctan \frac{v}{2\pi rn}$$ （1-25）

由式（1-25）可见，桨叶迎角与桨叶角、飞行速度、螺旋桨转速和桨叶半径有关。当飞行速度和转速一定时，桨叶迎角随桨叶角的增大而增大，随桨叶角的减小而减小；在桨叶角和转速一定时，桨叶迎角随飞行速度的增大而减小，随飞行速度的减小而增大，飞行速度增大到一定程度时，桨叶迎角可以减小到零，甚至为负；在桨叶角和飞行速度一定时，桨叶迎角随转速的增大而增大，随转速的减小而减小。

此外，随着剖面半径的加大，桨叶迎角也会变大，即桨尖的桨叶迎角比桨根的大。为了使桨叶各剖面迎角基本相等，设计制造时都会对桨叶做一定的负扭转，即从桨根到桨尖，桨叶角是逐渐减小的，如图 1-58 所示。

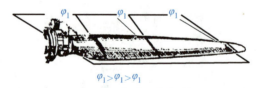

$\varphi_1 > \varphi_1 > \varphi_1$

图 1-58　桨叶的负扭转

二、螺旋桨的拉力

（一）螺旋桨拉力的产生

螺旋桨的拉力是各个桨叶的拉力之和，因为桨叶剖面形状与机翼剖面形状类似，所以螺旋桨产生拉力的原因，与机翼产生升力的原因基本相同。

相对气流流过桨叶的前桨面，就像流过机翼的上表面一样，流管变细、流速加快、压力降低；流过桨叶的后桨面，就像流过机翼下表面一样，流管变粗、流速减慢、压力增大。桨叶前后桨面形成的压力差的总和，就是桨叶的总空气动力（R）。

桨叶的总空气动力可以用图 1-59 中的方式分解为两个分力：一个与桨轴平行，即螺旋桨的拉力（P）；另一个与桨轴垂直，起阻碍螺旋桨旋转的作用，称为旋转阻力（Q）。

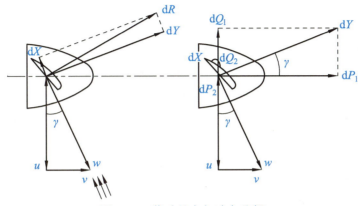

图 1-59　桨叶总空气动力分解

螺旋桨拉力可按式（1-26）计算：

$$P = c_{\mathrm{P}} \rho w^2 D^4 \qquad\qquad (1\text{-}26)$$

式中 c_{P} 为拉力系数，取决于桨叶迎角、合速度方向、桨叶形状及数量等，一般由实验测得。

由于螺旋桨桨叶左右对称，左右两侧旋转阻力合力为零，对飞机不体现出阻力。但因两侧旋转阻力距桨轴有一定距离，要形成阻碍螺旋桨旋转的力矩，称为阻转力矩（$M_{阻}$），这个力矩通常由发动机输出的扭转力矩（$M_{扭}$）来平衡。当 $M_{阻} > M_{扭}$ 时，螺旋桨转速会降低；当 $M_{阻} < M_{扭}$ 时，螺旋桨转速会增加；当 $M_{阻} = M_{扭}$ 时，螺旋桨转速保持不变。

（二）螺旋桨拉力在飞行中的变化

现代大型螺旋桨无人机、几乎所有有人螺旋桨飞机都采用能自动保持转速不变的变距螺旋桨，飞行中拉力主要随飞行速度、油门位置和飞行高度变化。许多小型固定翼螺旋桨无人机采用定距螺旋桨，拉力还会随螺旋桨转速变化。

1. 螺旋桨拉力随飞行速度的变化

在油门位置、飞行高度以及大气温度不变的情况下，随着飞行速度的增大，螺旋桨拉力逐渐减小，如图 1-60 所示。

对于定距螺旋桨，桨叶角不变，随着飞行速度增大，合速度会更加偏离旋转面，致使桨叶迎角减小，桨叶的总空气动力减小，还更偏离旋转轴，这将导致拉力和旋转阻力都会减小。随着旋转阻力减小，阻转力矩减小，螺旋桨转速会有所增大，会使合速度稍偏向旋转面，使桨叶迎角的减小量略有缩小，但桨叶迎角的减小是主要的，因此螺旋桨的拉力减小。

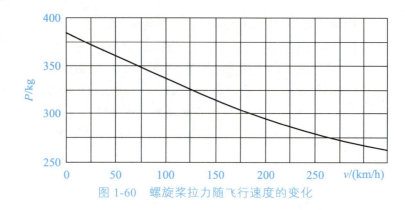

图 1-60　螺旋桨拉力随飞行速度的变化

对于变距螺旋桨，阻转力矩减小后变距机构会调整桨叶角增大，使旋转阻力恢复到原来大小，保持转速不变，但因飞行速度增大导致合速度的方向更偏离旋转面，使总空气动力更偏离旋转轴，大小也明显减小了，拉力也随之减小，如图 1-61 所示。

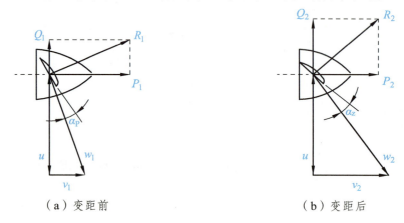

（a）变距前　　　　　　　　　　　　（b）变距后

图 1-61　变距螺旋桨变距前后对拉力的影响

2. 螺旋桨拉力随油门位置的变化

在飞行速度和高度不变的情况下，加大油门，螺旋桨拉力增大。

加大油门时，发动机输出的扭矩增大。对于定距螺旋桨，将会使螺旋桨转速增大，合速度更偏向旋转面，使桨叶迎角增大、拉力增大；对于变距螺旋桨，发动机扭矩大时，变距机构会增大桨叶角，使桨叶迎角增大，螺旋桨拉力增大，同时旋转阻力和阻转力矩都会相应增大，直至和扭转力矩平衡，仍保持转速不变。

3. 螺旋桨拉力随飞行高度和气温的变化

在油门位置和飞行速度不变的情况下，飞行高度或气温升高，都会使空气密度减小，螺旋桨拉力也随之减小。

小贴士

使用油机驱动的无人机,在飞行高度和气温升高时,发动机有效功率还会降低,导致拉力减小。

三、螺旋桨的副作用

在飞行中，螺旋桨一方面会产生拉力（或推力），另一方面还会产生一些副作用，对飞行造成一定影响。螺旋桨的副作用主要有进动、反作用力矩和滑流。

（一）螺旋桨的进动

高速旋转的螺旋桨受到改变桨轴方向的操纵力矩时，飞机除按操纵力矩的方向转动外，还会绕另一个轴转动，这种现象叫作螺旋桨的进动。例如，右转螺旋桨飞机，在操纵升降舵使飞机上仰时，飞机不但会上仰，同时还会绕立轴向右偏转，这就是螺旋桨进动造成的。

如图 1-62 所示，在机头上仰时，正在上方的桨叶（Ⅰ）受到向后的作用力（F），下方的桨叶（Ⅱ）受到向前的力（F）。桨叶Ⅰ在此力的作用下向后加速，桨叶Ⅱ向前加速，当转过 90°时，桨叶Ⅰ有个向后的速度，桨叶Ⅱ有个向前的速度，左右桨叶的速度差带动机头向右偏转。

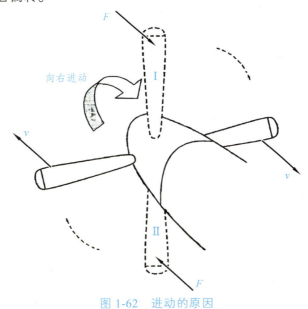

图 1-62　进动的原因

进动的方向可以通过图 1-63 所示的作图法和图 1-64 所示的手势法进行判断。作

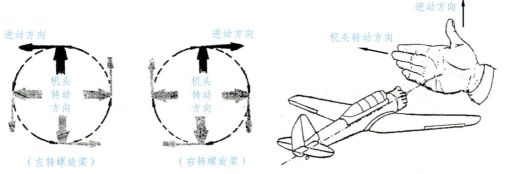

（左转螺旋桨）　　　　　（右转螺旋桨）

图 1-63　作图法判断进动的方向　　　　图 1-64　手势法判断进动的方向

图法绘制的圆圈上，用箭头标明螺旋桨的旋转方向，从圆心画往圆上的箭头表示操纵机头改变的方向，切线方向就是进动方向。用手势法判断时，左转螺旋桨用左手，右转螺旋桨用右手，手心面向机头，四指指向操纵机头转动的方向，伸开的大拇指方向就是螺旋桨进动的方向。

在操纵飞机改变姿态时，特别是需要精确控制飞机状态时，要根据进动的规律，向进动的反方向做相应的修正。

（二）螺旋桨的反作用力矩

高速旋转的螺旋桨会产生旋转阻力并形成阻转力矩，需要发动机通过转轴施加扭转力矩克服，螺旋桨也就会通过桨轴给机身一个大小相等、方向相反的力矩，称为螺旋桨反作用力矩，如图 1-65 所示。

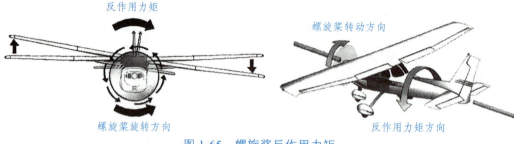

图 1-65　螺旋桨反作用力矩

螺旋桨反作用力矩会迫使飞机向螺旋桨旋转的反方向倾斜，如右转螺旋桨飞机会向左倾斜，操纵时需要适当向右压杆进行修正。飞行中油门越大，螺旋桨反作用力矩越大，需要的修正量越大。

（三）螺旋桨滑流

螺旋桨旋转时会拨动空气一面向后加速流动，又一面顺着螺旋桨旋转方向转动，这种受螺旋桨作用向后加速扭转的气流叫作螺旋桨滑流。

以右转螺旋桨为例，螺旋桨滑流流过飞机时，在转轴以上是从左向右扭转，转轴以下是从右向左扭转，如图 1-66 所示。在转轴上方、从左向右的滑流会打在垂尾上，产生向右的力，对飞机形成向左偏转的力矩。

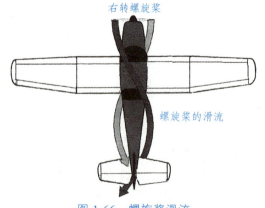

图 1-66　螺旋桨滑流

随着油门增大，发动机功率增大，滑流的影响也相应加大。右转螺旋桨加油门时，滑流的影响会加剧飞机左偏，应适当向右偏转方向舵进行修正；同理，收油门则需回右舵或使用左舵保持方向。左转螺旋桨滑流的影响、方向舵的使用与右转螺旋桨相反。

模块 2　固定翼无人机飞行原理

任务 1　飞机的平衡、稳定性和操纵性

学习任务

（1）了解飞机的姿态参数及力矩平衡。
（2）掌握稳定性的含义及条件。
（3）掌握飞机的纵向稳定力矩、阻尼力矩的产生和影响因素。
（4）了解飞机的侧向稳定力矩、阻尼力矩的产生及影响因素。
（5）了解飞机操纵性的含义，掌握飞机纵向、侧向的操纵基本原理。

飞机的飞行是在三维空间里的运动，改变飞机状态的力和力矩也具有三维属性，为了在分析飞机的运动、姿态、力和力矩等更加简洁易懂，通常给飞机建立三维坐标系，将空间的力和力矩、运动等分解到各个坐标轴上，理解起来就更加容易。

一、飞机的机体坐标系构建

（一）飞机的重心

建立机体坐标系，首先需要确定坐标系的原点，飞机机体坐标系的原点设在飞机的重心。

飞机各部件重力的合力为飞机的重力，飞机重力的作用点叫作飞机的重心。由于飞机左右对称，设计时重心在飞机对称面内，装载中也要保证重心不明显偏出对称面，因此飞机的重心位置一般是指重心的前后位置。

重心的前后位置通常用重心在某一特定的翼弦上的投影到该翼弦前缘的距离占该翼弦长度的百分比来表示，如图 2-1 所示，此特定翼弦称为平均空气动力弦（Mean Aerodynamic Chord），其弦长可以用 MAC 或 b_A 表示。

$$\overline{x}_G = \frac{x_G}{b_A} \times 100\% \tag{2-1}$$

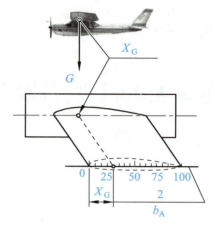

图 2-1 平均空气动力弦

　　平均空气动力弦的位置和长度是非常重要的参数，对于矩形翼，沿翼展方向机翼各处的弦长都相同，可以将机翼任意处的翼弦视为平均空气动力弦。但绝大部分飞机、无人机的机翼都不是矩形翼，各处翼弦长度不同，就需要将机翼假想为矩形机翼，如图 2-2 所示，该矩形翼的机翼面积、空气动力特性和俯仰力矩特性都和原机翼相同，其翼弦就为平均空气动力弦。飞机的技术说明书中通常会提供平均空气动力弦的长度和位置参数。

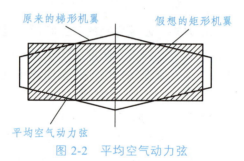

图 2-2　平均空气动力弦

（二）机体坐标系

　　机体坐标系与飞机固连，原点在飞机的重心处，过重心与机身轴线平行的轴为机体纵轴（Ox），指向机头方向为正；在飞机对称面内，与纵轴垂直的为立轴（Oy），向上为正；垂直于对称面、顺着机翼方向的轴叫作横轴（Oz），向右为正，如图 2-3 所示。

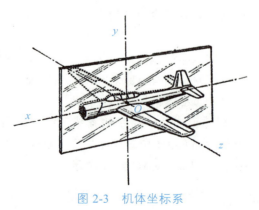

图 2-3　机体坐标系

有了机体轴系，飞机的运动可以分解为在三条轴方向上的移动和绕三条轴的转动。为便于描述，统一称飞机绕纵轴的转动为滚转，可分为左滚和右滚，滚转角速度记作 ω_x；绕立轴的转动称为偏转，可分为左偏和右偏，偏转角速度记作 ω_y；绕横轴的转动称为俯仰，可分为上仰和下俯，俯仰角速度记作 ω_z。

（三）飞机的姿态角

通过机体轴系和大地确定的基准面进行比较，可以确定飞机的姿态。描述飞机姿态的参数有俯仰角和坡度。

飞机机体纵轴和水平面的夹角称为俯仰角（θ）。俯仰角有正负之分，机体纵轴指向水平面上方时，俯仰角为正，也称为仰角；机体纵轴指向水平面下方时，俯仰角为负，也称为俯角，如图 2-4 所示。

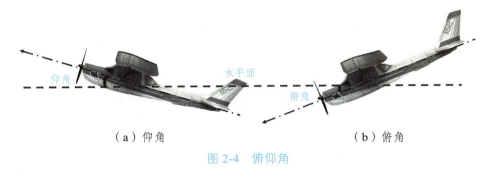

（a）仰角　　　　　　　　　　（b）俯角

图 2-4　俯仰角

飞机对称面与纵轴所在铅垂面之间的夹角称为坡度（γ）。坡度有左右之分，飞机左翼向下时为左坡度，右翼向下时为右坡度，理论计算时，通常规定右坡度为正，如图 2-5 所示。

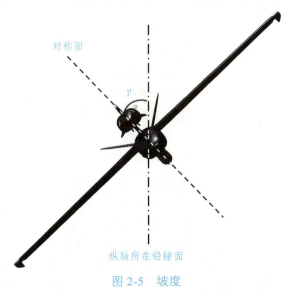

图 2-5　坡度

二、飞机的平衡

物理学中的平衡是指物体所受的合力为零、合力矩也为零，处于平衡状态的物体保持静止或匀速直线运动状态。飞机的平衡条件也是合外力为零、合外力矩为零，处于平衡状态的飞机保持匀速直线运动状态。当合力不平衡时，飞机的速度会发生改变，合力矩不平衡时，飞机会发生转动，导致姿态变化。在讨论飞机的平衡时，只考虑力矩平衡，为了更简单便捷地分析力矩平衡，将力矩分解到机体轴系三条轴来研究：相对于横轴（Oz 轴）的平衡称为俯仰平衡或纵向平衡；相对于立轴（Oy 轴）的平衡为方向平衡；相对于纵轴（Ox 轴）的平衡为横侧平衡。只有在绕三条轴同时取得了平衡时，飞机才是平衡的。

（一）飞机的俯仰平衡

飞机俯仰平衡的条件是绕横轴的合力矩为零，处于俯仰平衡的飞机，不绕横轴做俯仰转动，即保持迎角不变。

作用于飞机上的俯仰力矩很多，主要有机翼升力对重心构成的俯仰力矩（$M_{Z翼}$）、水平尾翼升力对重心构成的俯仰力矩（$M_{Z尾}$）、拉力对重心形成的俯仰力矩、起落架等外挂阻力对重心形成的俯仰力矩等，如图 2-6 所示。

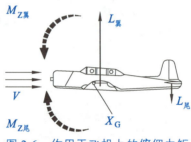

图 2-6　作用于飞机上的俯仰力矩

机翼升力形成的俯仰力矩和升力的大小有关，还和升力作用点距重心的距离有关。对于某飞机在一定高度上以一定速度飞行，机翼产生的俯仰力矩大小只取决于升力系数和压力中心距重心的距离，对于布局已定的飞机，升力系数和压力中心位置都随迎角变化而变，因此机翼产生的俯仰力矩大小只取决于重心位置和迎角。

通常机翼升力形成的俯仰力矩都为下俯力矩，当迎角较大时（未超过临界迎角），压力中心前移，如果此时重心过于靠后，可能会导致机翼的下俯力矩减小较多，甚至变成上仰力矩。

一般情况下，飞行中飞机水平尾翼产生的是负升力，对重心形成的是上仰力矩，用于平衡机翼产生的下俯力矩，保持飞机平衡。当迎角较大、重心过于靠后时，机翼产生了上仰力矩时，就需要平尾产生下俯力矩才能平衡了。

飞行中需要足够的升力，平尾的负升力削弱了飞机的总升力。但由于平尾的压力中心，即负升力的作用点，与重心的距离较远，只需要较小的负升力就可以产生足够的上仰力矩，对总升力的影响不大。

有的飞机采用鸭式布局，将常规的水平尾翼布置在机翼前方近机头位置，称为前翼或鸭翼，如图 2-7 所示。飞行中机翼的升力对重心形成下俯力矩，由于鸭翼在重心之前，需产生向上的正升力对重心形成上仰力矩平衡飞机，同时增大了飞机的总升力。莱特兄弟的飞机就采用了鸭式布局，无人机中也有一些机型采用此布局，如图 2-8 所示。

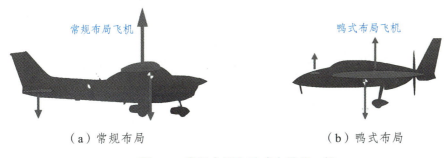

（a）常规布局 　　　　　　　　　　　（b）鸭式布局

图 2-7　常规布局和鸭式布局的飞机

图 2-8　采用鸭式布局的无人机

当发动机的推力不通过重心时，油门变化引起推力变化，会对俯仰平衡有影响。

如果采用了可收放的起落架，收放起落架也会影响俯仰平衡，一方面起落架的阻力会形成下俯力矩，另一方面收放后重心变化也会影响俯仰平衡。

设计了襟翼的飞机在收放襟翼时也会影响俯仰平衡。通常放襟翼后，机翼升力增大和压力中心后移，会对飞机形成下俯力矩；襟翼后的下洗流作用在平尾上会产生上仰力矩。放襟翼后飞机俯仰状态怎么变化，是这两个影响共同作用的结果。

重心变化也会影响飞机的俯仰平衡。重心前移飞机会下俯，重心后移飞机会上仰。

（二）飞机的方向平衡

飞机方向平衡的条件是作用于飞机上的各偏转力矩之和为零，处于方向平衡状态的飞机，不绕立轴偏转，保持侧滑角（β）不变。

飞机对称面与相对气流（飞行速度）方向不一致的飞行叫作侧滑，相对气流与飞机对称面的夹角叫作侧滑角，如图 2-9 所示。相对气流从对称面左侧吹来，叫作左侧滑，侧滑角为负；相对气流从对称面右侧吹来，叫作右侧滑，侧滑角为正。

通常飞行中飞机的侧滑角为零，飞机上的偏转力矩主要有两翼阻力对重心形成的偏转力矩、多台发动机飞机各发动机推力对重心形成的偏转力矩、螺旋桨滑流扭转形成的偏转力矩、垂直尾翼和方向舵上的侧力对重心形成的偏转力矩等，如图 2-10。由于飞机左右对称，机翼阻力和发动机推力形成的

图 2-9　侧滑

偏转力矩是对称的，要保持方向平衡，只需适当用方向舵平衡滑流形成的扭转力矩即可。

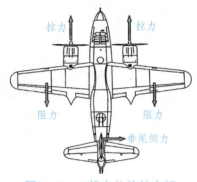

图 2-10　飞机上的偏转力矩

当飞机带侧滑飞行时，机身侧力也会对重心形成偏转力矩，需要调整方向舵加以平衡。

飞行中油门变化会引起螺旋桨滑流变化，对飞机的方向平衡产生影响；飞机两边机翼变形不一致、左右两侧的发动机工作状态不一致，也会影响方向平衡。一旦方向平衡发生变化，需要使用方向舵加以平衡。

（三）飞机的横侧平衡

飞机横侧平衡的条件是作用于飞机上的各滚转力矩之和为零，处于横侧平衡状态的飞机，不绕纵轴滚转，保持坡度不变或坡度为零。

飞行中飞机的滚转力矩主要有：两翼升力对重心形成的滚转力矩、螺旋桨的反作用力矩等，如图 2-11。

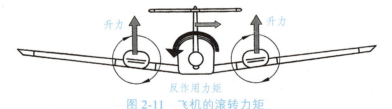

图 2-11　飞机的滚转力矩

油门变化引起的螺旋桨反作用力矩变化、飞机两翼变形程度不同、重心左右移动等都会影响飞机的横侧平衡。一旦横侧平衡发生变化，需要用副翼加以平衡。

小贴士

当飞机的滚转力矩之和为零时，飞机的状态是不滚转或匀速滚转。匀速滚转是单纯滚转中横侧平衡时才可能出现的情况，只能在实验室中做出，飞行中的飞机滚转的同时还会伴随着偏转，不会出现匀速滚转的横侧平衡。

三、飞机的稳定性

飞行中已经取得力矩平衡的飞机，会受到诸如气流的变化、操纵人员不自觉的动作等扰动，受到扰动后平衡状态会被破坏。如果破坏后飞机能自动恢复原平衡状态，无须操作人员干预，操纵飞机就不会太吃力。不同情况下飞机自动恢复平衡状态的能力是不同的，这就是稳定性要研究的问题。

（一）稳定性的概念

稳定性是在平衡的基础上讨论的。在物理学中，物体的平衡有如图 2-12 所示的三种状态：图中实心的小球是处于平衡状态的原平衡位置，受到小扰动后小球偏离到虚线位置。当扰动消失后，图 2-12（a）中的小球会向原平衡位置靠拢，在原平衡位置两侧来回摆动，且幅度越来越小，最终在原平衡位置停下来；图 2-12（b）中的小球保持在虚线位置，不会向原平衡位置靠近，也不会远离原平衡位置；图 2-12（c）中的小球不但不会向原平衡位置靠近，还会远离原平衡位置。我们称图 2-12（a）的平衡为稳定平衡，小球受扰动偏离后会自动回到原平衡位置，小球具有稳定性，或称有正的稳定性；图 2-12（c）为不稳定平衡，小球受扰后会更加偏离原平衡位置，小球不具有稳定性，或称有负的稳定性；图 2-12（b）中的小球介于二者之间，受扰后既不回、也不偏离原平衡位置，具有中立稳定性。

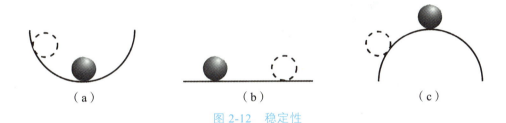

（a）　　　　　（b）　　　　　（c）

图 2-12　稳定性

为什么会出现这样的现象呢？原因有两点：

其一是图 2-12（a）中小球偏离原平衡位置后，其重力的一个分力指向原平衡位置，使之向原平衡位置靠拢；小球运动到原平衡位置时，由于有一定的速度而不会停下来，会继续滚动到原平衡位置右侧，到右侧后其重力的分力也是指向原平衡位置的，即只要小球不在原平衡位置，重力的分力就指向原平衡位置。而图 2-12（b）中的小球没有这个分力，图 2-12（c）中的小球重力的分力是指向和原平衡位置相反的方向，才会使小球远离原平衡位置。

其二是小球在曲面上滚动的过程中会受到阻力的作用，使摆动幅度减小。由于阻力作用，图 2-12（a）中的小球在原平衡位置两侧滚动的幅度会越来越小，最终停下来，如果没有阻力，小球就会一直在平衡位置两侧来回滚动，幅度不会减小。尽管图 2-12（c）中小球滚动时也有阻力，但由于它偏离原平衡位置后，重力的分力是使之远离原平衡位置的，所以小球也无法回到原平衡位置的。

小球重力的分力指向原平衡位置，这个力对小球形成的力矩使之向原平衡位置运动，称为稳定力矩；小球运动中阻力形成的力矩使其运动速度逐渐减小，称为阻尼力矩。

从前面的分析可知，小球偏离原平衡位置后能自动产生稳定力矩、在向原平衡位置运动的过程中会自动产生阻尼力矩，是小球具有稳定性、最终能回到原平衡位置的充分必要条件。

稳定性可分为静稳定性和动稳定性。物体偏离原平衡状态的瞬间，能产生稳定力矩，使之有自动回复原平衡状态的趋势，称其具有静稳定性或正的静稳定性，反之则不具有静稳定性或是具有负的静稳定性。在恢复原平衡状态的过程中能产生阻尼力矩，使物体最终能在原平衡位置停下来，称其具有动稳定性或正的动稳定性，反之则不具有动稳定性或是具有负的动稳定性。

具有静稳定性的物体，在恢复平衡过程中如果没有阻尼，或在恢复平衡的过程中引起了共振，它将无法恢复到原平衡状态，甚至振幅越来越大，即物体具有静稳定性不一定会有动稳定性。只有同时具有静稳定性和动稳定性的物体，才能最终恢复原平衡状态，恢复平衡时的状态参数变化如图 2-13 所示。

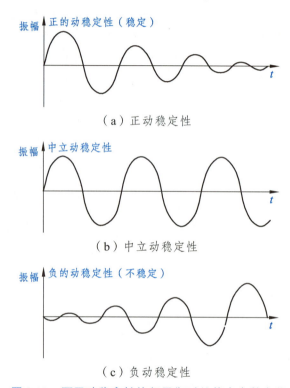

（a）正动稳定性

（b）中立动稳定性

（c）负动稳定性

图 2-13　不同动稳定性恢复平衡时的状态参数变化

飞机的稳定性和物体的稳定性原理是一样的，要使飞机具有稳定性，必须使它偏离平衡状态后能产生稳定力矩、恢复平衡状态的过程中能产生阻尼力矩。与讨论飞机平衡一样，为了分析方便，将飞机的稳定性也沿机体三条轴线进行分解，分解为绕横轴转动的俯仰稳定性、绕立轴转动的方向稳定性和绕纵轴转动的横侧稳定性，其中方向稳定性和横侧稳定性合称侧向稳定性。

（二）飞机的俯仰稳定性

飞机在飞行中受到小扰动以致俯仰平衡被破坏（迎角变化），当扰动消失后，飞机自动恢复原俯仰平衡（原迎角）的特性，叫作飞机的俯仰稳定性，也称纵向稳定性、迎角稳定性。飞机具有俯仰稳定性，是受扰迎角变化后俯仰稳定力矩和恢复平衡过程中俯仰阻尼力矩共同作用的结果。

1. 俯仰稳定力矩

当飞机受到扰动迎角变化时，会导致飞机升力变化。以迎角增加为例，忽略飞机原来的受力，只考虑增加的升力，即附加升力。机身、机翼、尾翼等都会增加一定的附加升力，飞机所有部件的附加升力之和为全机的附加升力。迎角变化引起的附加升力的作用点叫作飞机的焦点，如图 2-14 所示。飞机焦点的位置与飞机机身、机翼、尾翼等部件的气动特性和相对位置有关，对一架外形不变的飞机来说，在亚音速阶段焦点位置是不变的。

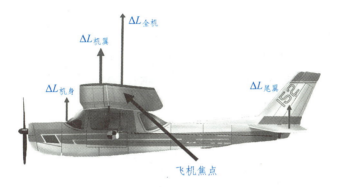

图 2-14 飞机焦点

当飞机重心位于焦点之前时，若飞机受扰迎角增加，产生的附加升力 L 作用在焦点位置上，对重心形成下俯力矩，力图使飞机减小迎角。同理，若飞机受扰迎角减小，在焦点位置上产生的附加升力 L 值为负，对重心形成上仰力矩，力图使飞机增大迎角。焦点位置上附加升力形成的力矩就是俯仰稳定力矩，如图 2-15 所示。

图 2-15 飞机重心位于焦点之前

如果重心位于焦点之后，飞机受扰迎角增大时，附加升力就会形成上仰力矩，使迎角更加增大；受扰迎角减小时，附加升力形成下俯力矩，使迎角更加减小。此时飞机就没有恢复原迎角的趋势，飞机俯仰静不稳定。

当重心与焦点重合时，迎角变化引起的附加升力对重心不形成俯仰力矩，飞机无恢复原迎角的趋势，也不会更偏离原迎角，飞机具有中立的俯仰静稳定性。

可见，焦点与重心的关系位置是判断飞机是否具有俯仰静稳定性的指标，要使飞机受扰迎角变化后能产生俯仰稳定力矩、具有俯仰静稳定性，必须使飞机重心位于焦点之前，且受扰迎角变化量相同时，二者之间距离越大，产生的俯仰稳定力矩越大，俯仰稳定性越强。由于飞机的水平尾翼在重心后较远，其附加升力作用点很靠后，使全机的附加升力合力作用点后移，即让焦点较靠后，因此也可以说飞机的俯仰稳定力矩主要是靠平尾产生的。

小贴士

在跨、超声速阶段，飞机的焦点位置会显著后移，导致飞机的俯仰稳定性大幅增强，操纵性明显变差。现代一些高机动性的军用飞机采用了放宽静稳定度设计，采用了主动控制技术，可以把飞机的重心放在焦点之后，亚音速阶段飞机静不稳定，在跨、超音速阶段焦点后移后稳定性也不至于过强。

2. 俯仰阻尼力矩

从稳定性的分析可知，飞机仅有俯仰静稳定性还无法自动恢复到原来的迎角，必须要在恢复过程中产生俯仰阻尼力矩，使飞机恢复迎角时的振幅越来越小，最终才能在恢复原迎角后停止俯仰转动，保持该迎角飞行。

飞机各部分都会产生俯仰阻尼力矩，但绝大部分是靠水平尾翼产生的。图 2-16 中，飞机绕重心上仰转动，飞机重心前的部分向上运动，就会附加一个向下的气流速度，产生向下的附加升力；重心后的部分向下运动，就会附加向上的气流速度，产生向上的附加升力。无论是重心前还是重心后的附加升力，对重心形成的力矩都是阻碍飞机继续上仰的，这就是俯仰阻尼力矩。同理，飞机下俯时也会产生阻碍飞机下俯的阻尼力矩。由于平尾离重心较远，俯仰转动时产生的附加气流速度较大、附加升力较大，再加上此附加升力对重心的力臂长，形成的阻尼力矩很大，因此俯仰阻尼力矩主要是靠平尾产生的。

图 2-16　俯仰阻尼力矩

3. 影响俯仰稳定性的因素

飞机的俯仰稳定性不是一成不变的，重心变化、飞行速度和高度对俯仰稳定性有明显的影响。

俯仰静稳定性的好坏取决于重心和焦点的位置，尽管亚音速阶段飞机焦点位置不变，但装载变化会使飞机重心位置发生变化，影响俯仰静稳定性。通常飞机重心位于焦点之前，重心前移，导致与焦点之间的距离增大，飞机俯仰静稳定性增强；重心后移，导致与焦点之间的距离缩短，飞机俯仰静稳定性减弱，若重心移到焦点重合或之后，将导致飞机丧失俯仰静稳定性。

阻尼力矩与飞行速度一次方成正比,同样的俯仰转动角速度下,飞行速度大时产生的俯仰阻尼力矩大,飞机俯仰转动衰减更快,飞机的俯仰稳定性强。反之,小速度飞行时,俯仰稳定性弱。

飞行高度升高或气温升高,会导致空气密度减小,同样的俯仰转动角速度下,阻尼力矩更小,飞机的俯仰稳定性减弱。

(三)飞机的侧向稳定性

1. 飞机的方向稳定性

飞机在飞行中受到小扰动以致方向平衡被破坏(出现侧滑或侧滑角变化),当扰动消失后,飞机自动恢复原方向平衡(消除侧滑或恢复原侧滑角)的特性,叫作飞机的方向稳定性。飞机具有方向稳定性,是受扰侧滑角变化后方向稳定力矩和恢复平衡过程中方向阻尼力矩共同作用的结果。

1)方向稳定力矩

方向稳定力矩主要是在飞机出现侧滑时,由垂直尾翼产生的。

飞机在飞行中,受到小扰动出现侧滑时,如出现左侧滑,气流从飞机对称面左前方吹来,就会在机身上产生向右的侧力(Z),由于飞机对称面面积最大的部分是垂尾,并且位置在重心之后较远,因此侧力作用点在重心之后靠近垂尾的位置,会对飞机形成绕重心向左偏转的力矩,力图使机头跟上气流方向,即消除侧滑,此力矩就是方向稳定力矩,如图 2-17 所示。分析方向稳定力矩时,可以只考虑垂尾侧力($Z_尾$)对重心形成的力矩。

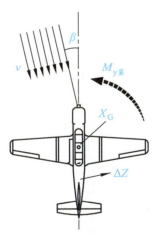

图 2-17　方向稳定力矩

除垂尾外,机翼上反角和后掠角也能产生一定的方向稳定力矩。

机翼在机体轴系 yOz 平面的投影与机体横轴的夹角叫上(下)反角,机翼指向横轴上方为上反角,反之为下反角,如图 2-18 所示。低速飞机通常设计有上反角,如出现左侧滑,气流从左侧流向机翼,左翼称为侧滑前翼,右翼称为侧滑后翼。由于飞机在飞行中有一定的正迎角,气流从下方流向机翼,侧滑时气流就从侧下方流向机翼,如图 2-19 所示。由于上反角的影响,使造成侧滑前翼的迎角大于侧滑后翼的迎角,侧滑前翼的阻力就会大于侧滑后翼的阻力，两翼的阻力差形成的力矩使飞机向侧滑方向偏转，也是方向稳定力矩。

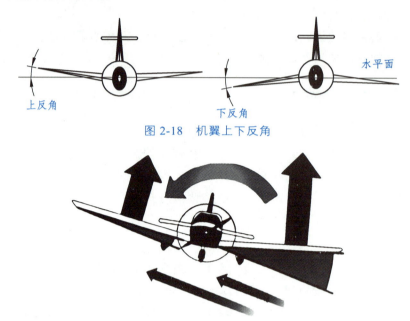

图 2-18　机翼上下反角

图 2-19　左侧滑时的方向稳定力矩

　　高速飞机通常采用后掠翼设计，无侧滑时两翼有效分速（v_n）相同，有侧滑时侧滑前翼的有效分速度大于侧滑后翼有效分速度，如图 2-20 所示。因此，侧滑前翼阻力大于侧滑后翼的阻力，两翼的阻力差形成的力矩使飞机向侧滑方向偏转，也是方向稳定力矩。

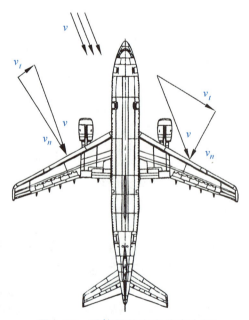

图 2-20　后掠翼的方向稳定力矩

拓展阅读：后掠翼的有效分速

空气流过后掠翼，不同于平直翼，其流速（v）与机翼前缘不垂直，为分析方便可以分解为垂直于前缘的垂直分速（v_n）和平行于前缘的平行分速（v_t），如图 2-21 所示，两个分速与飞行速度的关系为

$$v_n = v\cos x \qquad v_t = v\sin x \qquad\qquad (2\text{-}1)$$

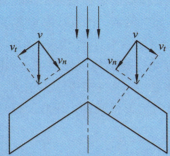

图 2-21　后掠翼的有效分速

由于机翼表面在垂直与前缘方向（弦向）才有弯曲，平行于前缘方向（展向）没有弯曲，空气流过后掠翼时，垂直分速会因机翼表面的弯曲而不断改变，而平行分速基本不发生变化。产生空气动力的效果就像气流以速度 v_n 流过平直翼一样，因此垂直分速 v_n 也叫作有效分速。

2）方向阻尼力矩

仅有方向稳定力矩，飞机只有自动恢复方向平衡的趋势，要使飞机在恢复平衡过程中方向摆动逐渐减弱并最终恢复原平衡，还需要有方向阻尼力矩。

如飞机绕重心向右偏转，重心之前机身向右运动，空气会产生向左的附加侧力，对重心形成阻碍飞机右偏的力矩；重心之后机身向左运动，空气会产生向右的附加侧力，同样对重心形成阻碍飞机右偏的力矩，这就是方向阻尼力矩。由于对称面中垂尾面积最大且距重心距离远，对产生方向阻尼力矩起主要作用，分析中可以只考虑垂尾产生的方向阻尼力矩。

2. 飞机的横侧稳定性

飞机在飞行中受到小扰动以致横侧平衡被破坏（出现侧滑或侧滑角变化），当扰动消失后，飞机自动恢复原横侧平衡的特性，叫作飞机的横侧稳定性。飞机具有横侧稳定性，是横侧稳定力矩和横侧阻尼力矩共同作用的结果。

1）横侧稳定力矩

飞机的横侧稳定力矩，主要是在侧滑时靠机翼的上反角和后掠角产生的。

从前文可知，低速飞机一般设计了上反角，出现侧滑时，侧滑前翼的迎角大于侧滑后翼的迎角，如图 2-19 所示，因此侧滑前翼的升力大于侧滑后翼的升力，对飞机形成向侧滑反方向滚转的横侧稳定力矩。

　　高速飞机大多采用了后掠翼设计，出现侧滑时，侧滑前翼的有效分速大于侧滑后翼的有效分速，如图2-20所示，因此侧滑前翼的升力大于侧滑后翼的升力，对飞机形成向侧滑反方向滚转的横侧稳定力矩。

　　飞机出现侧滑时，垂尾上的侧力是产生方向稳定力矩的主要因素，但由于垂尾位置在机身上方，该侧力高于飞机重心，对重心也会形成一定的横侧稳定力矩，如图2-17所示。

　　另外，机翼的安装位置对飞机的横侧稳定性也有一定的影响。现代绝大多数固定翼飞机、无人机都采用单翼，根据安装在机身上的位置不同，可分为上单翼、中单翼和下单翼。当出现侧滑时，如左侧滑，气流从左前方流向飞机，对于上单翼飞机，左翼下表面气流受到机身阻挡速度会有所减小，压力会增大，因此左翼升力增大，起到增大向右的横侧稳定力矩作用，横侧稳定性增强，如图2-22所示；下单翼飞机则相反，左翼上表面气流受机身阻挡，流速减慢压力增大，左翼升力减小，削弱了横侧稳定性；中单翼左翼上下表面气流都受阻挡，升力没有明显变化，对横侧稳定性影响不大。

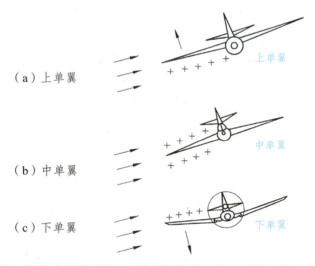

（a）上单翼

（b）中单翼

（c）下单翼

图2-22　机翼安装位置对飞机横侧稳定性的影响（图中机头朝内）

拓展阅读

　　一些资料讨论横侧稳定性时，从飞机受扰产生坡度入手。带坡度后升力倾斜，如左坡度飞机升力向左倾斜，出现向左的分力，飞机将向左运动，相对气流从左前方来，出现左侧滑。侧滑后和上述解释一样，产生了向右（侧滑反方向）滚转的力矩，力图消除坡度，给读者一种横侧稳定性是飞机自动消除坡度的感觉。

　　但从前面的分析可看出，产生横侧稳定力矩的根本原因是侧滑，只要出现侧滑，就会产生向侧滑反方向滚转的横侧稳定力矩。横侧稳定力矩并不能消除坡度，如果出现侧滑时飞机不带坡度，反而也会因该力矩产生坡度。

2）横侧阻尼力矩

飞机的横侧阻尼力矩主要靠机翼产生。如飞机向左滚转，左翼下沉，空气相对于左翼增加了向上的运动速度，使左翼的迎角增大、升力增大；右翼上扬，空气相对于右翼增加了向下的运动速度，使右翼迎角减小、升力减小，如图 2-23 所示。两翼升力变化引起的升力差对重心形成向右的力矩，阻碍飞机向左滚转，这就是横侧阻尼力矩。

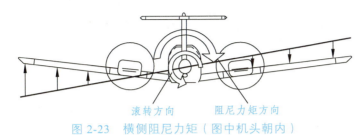

滚转方向　　阻尼力矩方向

图 2-23　横侧阻尼力矩（图中机头朝内）

同理，飞机向右滚转，也会产生向左的、阻碍飞机右滚的横侧阻尼力矩。

3. 方向稳定性和横侧稳定性的关系

从前面的分析可知，只要飞机出现侧滑，会同时产生方向稳定力矩和横侧稳定力矩，并且都是由垂尾、上反角、后掠角产生的。垂尾的侧力作用在重心之后，会产生方向稳定力矩；作用在重心之上，会产生横侧稳定力矩。上反角、后掠角引起的两翼阻力差形成方向稳定力矩；升力差形成横侧稳定力矩。可见，飞机的方向稳定性和横侧稳定性是密不可分的，或者说方向稳定性和横侧稳定性是互相耦合的，方向稳定性和横侧稳定性合称侧向稳定性。

方向稳定性和横侧稳定性必须匹配适当，飞机才能有较好的侧向稳定性，如果二者不匹配，飞机将不具有侧向稳定能力，会出现飘摆或盘旋下降。

1）飘摆（荷兰滚）

如果飞机的横侧稳定性过强、方向稳定性相对过弱，飞行中飞机受扰侧向平衡被破坏，出现侧滑或倾斜时，会出现时而左滚时而右滚、时而左偏时而右偏的现象，称为飘摆或荷兰滚。

例如，飞行中飞机受扰向左倾斜出现左坡度，飞机升力将向左倾斜产生向左的分力，使飞机向左运动出现左侧滑。出现侧滑后将同时产生方向稳定力矩和横侧稳定力矩，使飞机向左偏转力图消除侧滑和向右滚转。由于横侧稳定性过强，飞机很快改平了坡度，但方向稳定性不足，此时飞机还没能消除左侧滑，横侧稳定力矩会使飞机继续右滚产生右坡度。右坡度又使飞机升力向右倾斜，产生向右的分力、飞机向右运动出现右侧滑，产生让飞机右偏的方向稳定力矩和让飞机左滚的横侧稳定力矩。当飞机改平右坡度时还未消除右侧滑，飞机继续左滚产生左坡度……于是飞机反复地左右滚动和偏转，形成飘摆。

无论飞机受扰出现侧滑还是出现倾斜，都会有一定的飘摆现象，飘摆是飞机恢复侧向平衡的短周期模态。如果方向稳定性和横侧稳定性匹配，飘摆幅度不大并能很快恢复侧向平衡，但横侧稳定性过强时，就很难自动恢复平衡，飘摆的周期又和人的判断、反应时间接近，当操作人员主动进行修正时，很容易引起诱发震荡，推波助澜。

一般来说，平直翼横侧稳定性不至于过强，很难出现飘摆现象。后掠翼的横侧稳定性很强，容易出现飘摆现象，特别是后掠角较大的高机动性能飞机，这些飞机往往会采用下反角设计，以适当削弱横侧稳定性，如图 2-24 所示。

图 2-24　下反角后掠翼

2）盘旋下降

如果飞机的方向稳定性过强、横侧稳定性相对过弱时，飞行中飞机受扰侧向平衡被破坏，出现侧滑或倾斜时，会进入缓慢的盘旋下降状态。

仍以飞机受扰向左倾斜出现左坡度为例，飞机升力向左倾斜，出现左侧滑，同时产生向左偏转的方向稳定力矩和向右滚转的横侧稳定力矩。由于方向稳定性强，机头很快偏转跟上气流方向，消除了侧滑。但横侧稳定性弱，飞机还未能改平左坡度，于是升力向左的分力继续使飞机向左运动，出现左侧滑，飞机又很快向左偏转消除侧滑……飞机不能改平左坡度，向左缓慢转弯。由于有了坡度，升力的垂直分力减小，飞机将掉高度，就进入缓慢盘旋下降。

缓慢盘旋下降，操作人员很容易判断和修正，因此危害不大。

4. 影响飞机侧向稳定性的因素

与影响飞机的俯仰稳定性一样，速度小、空气密度小（高度高或气温高），飞机的侧向稳定性也会减弱。另外，大迎角下，飞机横侧稳定性会明显减弱甚至还可能丧失横侧阻尼，出现"机翼自转"现象。

仍以飞机向左滚转为例，左翼下沉迎角增大、右翼上扬迎角减小。正常迎角飞行时，左翼迎角大升力大、右翼迎角小升力小，两翼的升力差形成向右的、阻碍飞机左滚的横侧阻尼力矩。如果迎角过大，甚至超过临界迎角，情况则截然不同，从图 2-25 中的升力系数曲线可看出，左翼迎角大升力反而减小，右翼迎角小升力却更大，两翼升力差不但不能阻碍飞机左滚，反而使飞机加剧向左滚转。同理，飞机在超过临界迎角的状态下，出现右滚时也会加剧右滚，这种现象称为机翼自转。

飞机的稳定性是飞机自身应具备的一种特性，可以帮助操作人员保持飞机的平衡状态，但会受到一些因素的影响而变化。如果稳定性太弱

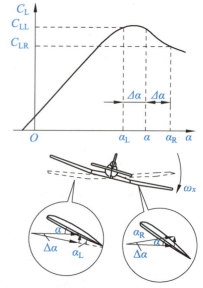

图 2-25　机翼自转（图中机头朝内）

甚至不稳定，又没有相应的主动控制系统加持，操作人员将很难操纵飞机。

四、飞机的操纵性

飞机的操纵性，是指操作人员操纵飞机的三个主操纵面（升降舵、方向舵和副翼）后，改变飞机状态的特性。操作人员实施操纵后，如果飞机反应快、准，操纵性就好，反之操纵性就差。如果说没有稳定性的飞机很难操纵的话，没有操纵性的飞机则完全不能操纵。与分析稳定性一样，操纵性也可以分成俯仰操纵性和侧向操纵性来探讨，其中侧向操纵性包括方向操纵性和横侧操纵性。

（一）俯仰操纵性

飞机的俯仰操纵性，是指操纵人员通过操纵设备偏转升降舵后，飞机绕横轴转动而改变迎角等飞行状态的特性。

1. 直线飞行中改变迎角的原理

直线飞行中，操纵人员向后拉杆向上偏转升降舵，就会在平尾上产生向下的附加升力（$\Delta L_尾$），对飞机形成使飞机上仰转动的力矩，称为俯仰操纵力矩，如图 2-26 所示。在俯仰操纵力矩的作用下，飞机将绕横轴转动，使迎角逐渐增大。

随着飞机迎角的增大，会在焦点上产生向上的附加升力（$\Delta L_飞机$），对重心形成向下的俯仰稳定力矩，该俯仰稳定力矩的方向与俯仰操纵力矩相反。迎角增大越多，附加升力就越大，俯仰稳定力矩也就越大，当俯仰稳定力矩增大到和俯仰操纵力矩平衡时，飞机就会停止上仰转动，迎角也就停止增大，飞机保持在新的、更大的迎角飞行，俯仰力矩取得新的平衡，即俯仰操纵力矩和迎角增大后的俯仰稳定力矩平衡。

$$M_{z操} = M_{z稳} \tag{2-2}$$

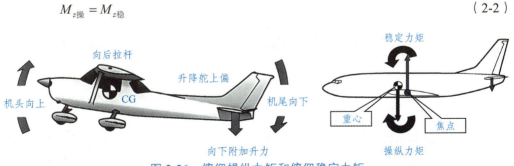

图 2-26　俯仰操纵力矩和俯仰稳定力矩

如果操纵人员在拉杆上偏一点升降舵，就会再增大一点俯仰操纵力矩，迎角也就会再增大一点，产生更大的俯仰稳定力矩来平衡俯仰操纵力矩，取得平衡后，飞机就会保持更大的迎角飞行。

同理，如果操纵人员推杆下偏升降舵，飞机就会保持较小的迎角飞行。可见，直线飞行中，操纵杆前后位置（升降舵偏角）和迎角是一一对应的：拉杆量越大、升降舵上偏量越大，迎角越大；推杆量越大、升降舵下偏量越大，迎角越小。

由于俯仰稳定力矩和俯仰操纵力矩都和飞行速度的平方成正比，因此迎角和升降舵偏角的对应关系与飞行速度无关。

以平飞为例，平飞要求升力不变且与重力平衡，即 $L=G$，飞机低速飞行时，需要较大的升力系数、较大的迎角，就需要多拉杆上偏升降舵；飞机高速飞行，需要较小的升力系数、较小的迎角，就需要多推杆下偏升降舵。

2. 曲线飞行中改变迎角的原理

在曲线飞行中，以飞机做如图 2-27 所示的拉升运动为例，在飞机轨迹向上弯曲，机头也随轨迹向上弯曲，即飞机有一定的俯仰转动角速度。拉杆偏转升降舵产生的俯仰操纵力矩，不但要克服由于迎角增大而产生的俯仰稳定力矩，还要克服飞机因俯仰转动而产生的俯仰阻尼力矩，才能保持飞机俯仰转动角速度。

$$M_{z操} = M_{z稳} + M_{z阻} \tag{2-3}$$

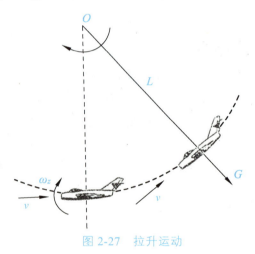

图 2-27　拉升运动

与直线飞行相比，曲线飞行中拉杆偏转升降舵，产生同样的俯仰操纵力矩，能克服的俯仰稳定力矩更小，因此迎角增加量就更小，或者说要增加同样多的迎角，曲线飞行需要多拉杆偏转升降舵。由于俯仰阻尼力矩是和速度一次方成正比，因此速度不同，偏转同样升降舵，改变的迎角和俯仰转动角速度都会不一样。

拓展阅读：调整片的作用

飞机在飞行中要保持一定的迎角，就需要升降舵偏转一定角度，图 2-28 中升降舵需下偏一个角度，升降舵上就会产生向上的附加升力（$\Delta L_{舵}$），会对枢轴形成力图使升降舵向中立位置偏转的铰链力矩。对机械操纵的有人机，需要在操纵杆上施加一定的推杆力才能保持升降舵在需要的位置。同理，若需要升降舵上偏则需要一定的拉杆力。杆力的大小和舵偏角及飞行速度有关，舵偏角越大、飞行速度越大，杆力就越大。

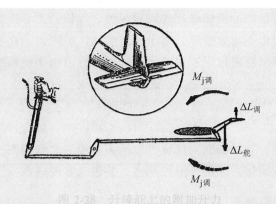

图 2-28 升降舵上的附加升力

　　在需要较长时间保持升降舵在某一偏角时，或是杆力较大时，飞行员容易疲劳造成操纵偏差，飞机上设计了升降舵调整片，用于减轻或消除杆力。调整片也称配平片，是位于升降舵后缘的可偏转的小舵面，如图 2-29 所示。如飞行中需要推杆保持升降舵下偏一定角度时，可操纵调整片向上偏转，调整片上产生向下的附加升力，由于调整片距离升降舵枢轴距离较大，即力臂长，对枢轴形成较大的下偏力矩，如果正好抵消了舵面的铰链力矩，就不需要飞行员推杆舵面也能保持在此角度，操纵杆力也就消除了。调整片偏角有限，若偏到最大角也不能消除杆力时，也能使杆力减轻。调整片一般是通过手轮或电门操纵，操纵方向与杆力方向相同，如保持舵偏角时有向前推杆力，就向前转动手轮或调整电门；若为拉杆力则向后转动手轮或调整电门，直到杆力消失。方向舵、副翼也可以设计调整片。

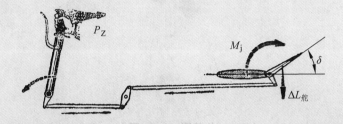

图 2-29 调整片

　　对于无人机，舵面偏转的铰链力矩不会使操纵人员感受到杆力，因此不用设计调整片。但若需长时间保持某一舵偏角飞行时，可以使用遥控器上的微调保持舵偏角，就可不用长时间操纵操纵杆了，微调的操纵方法类似调整片的操纵，微调的操纵方向与操纵杆偏转方向相同。

3. 重心对俯仰操纵性的影响

　　在飞机的俯仰操纵中，需要用俯仰操纵力矩来平衡俯仰稳定力矩，如果飞机的俯仰稳定性强，迎角有不大的变化就会产生较大的俯仰稳定力矩，就需要较大的升降舵偏角产生操纵力矩来克服。反之，俯仰稳定性差，改变同样的迎角就不需要太大的舵偏角。因此，飞机的俯仰稳定性强，俯仰操纵性就差。从前面的分析可知，飞机重心前后移动会影响俯仰稳定性，同时对飞机的俯仰操纵性有很大的影响。如飞机重心前移，与焦点的距离增大，飞机的俯仰稳定性变强，俯仰操纵性就变差。

为了保证飞机有足够的俯仰稳定性和操纵性，飞机的重心就需要限定在一定的范围之内，不能太靠前也不能太靠后。对于已定型的飞机来说，在装载时会对重心设置前后极限，重心不能超过前极限以保持足够的操纵性，也不能超过后极限才能维持足够的稳定性。

（二）侧向操纵性

类似侧向稳定性，飞机的侧向操纵性包括方向操纵性和横侧操纵性，二者是相互影响的，分析时为了简化，采用先单独阐述，再讲二者的联系。

1. 飞机的方向操纵性（单纯偏转）

飞机的方向操纵性是指操纵人员偏转方向舵后，飞机绕立轴偏转，改变侧滑角的特性。

与直线飞行中偏转升降舵改变迎角一样，在直线飞行中，通过操纵方向舵偏转，如在无侧滑状态下操纵方向舵向右偏转，在垂直尾翼上会产生向左的附加侧力（$\Delta Z_{尾}$），对重心形成让飞机向右偏转的力矩，称为方向操纵力矩，如图 2-30 所示。在此力矩的作用下，飞机绕立轴右偏，形成左侧滑。左侧滑使飞机产生向右的附加侧力（$\Delta Z_{飞机}$），对重心形成向左的方向稳定力矩，随着侧滑角逐渐增大，方向稳定力矩也逐渐增大。当方向操纵力矩与方向稳定力矩平衡时，飞机就将保持此侧滑角不变。

$$M_{y操} = M_{y稳} \tag{2-4}$$

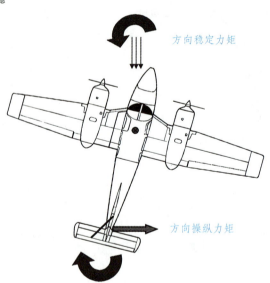

图 2-30　方向操纵力矩与方向稳定力矩

与俯仰操纵类似，直线飞行中，一个方向舵偏角也对应着一个侧滑角。方向舵右偏产生左侧滑，方向舵左偏产生右侧滑。

2. 飞机的横侧操纵性（单纯滚转）

飞机的横侧操纵性是指偏转副翼后，飞机绕纵轴滚转改变滚转角速度、坡度等飞行状态的特性。

当操纵人员向右压杆时，右副翼上偏、左副翼下偏，右翼升力减小、左翼升力增大，两翼的升力差对重心形成使飞机向右滚转的横侧操纵力矩。在横侧操纵力矩的作用下，飞机绕纵轴向右滚转。与俯仰、方向操纵不同，由于没有侧滑，不会产生横侧阻尼力矩，但有了滚转角速度就会产生横侧阻尼力矩，横侧阻尼力矩随着滚转角速度的增大而增大，当滚转角速度增大到一定值时，横侧阻尼力矩与横侧操纵力矩平衡，飞机就保持此滚转角速度匀速滚转。

$$M_{x操} = M_{x阻} \qquad (2\text{-}5)$$

增大副翼偏角，横侧操纵力矩增大，滚转就会加速，直到产生更大的横侧阻尼力矩，飞机就保持更大的滚转角速度匀速滚转。

操纵力矩与飞行速度的平方成正比，阻尼力矩与速度的一次方成正比，因此随着飞行速度的增大，同样的副翼偏角横侧操纵力矩增大更多，飞机将获得更大的滚转角速度。

与俯仰、方向操纵不同，横侧操纵中，副翼偏角不能和坡度对应，只有在速度一定的情况下，一个副翼偏角对应着一个滚转角速度。

3. 方向操纵性和横侧操纵性的关系

与稳定性一样，飞机的方向操纵性和横侧操纵性也是互相耦合的，前面讨论的单纯滚转、单纯偏转在实际飞行中是不存在的，滚转和偏转往往同时出现。

例如，飞行中操纵人员向左偏转方向舵，方向操纵力矩使机头左偏，出现右侧滑，由于飞机具有横侧稳定性，就会产生让飞机向侧滑反方向滚转的横侧稳定力矩，使飞机向左滚转。同样，向右偏转方向舵，飞机除了向右偏转外，还会向右滚转。

飞行中操纵人员向左压杆使左副翼上偏、右副翼下偏，横侧操纵力矩使飞机向左滚转，形成左坡度后升力有向左的分力，使飞机向左运动，相对气流从飞机左前方吹来，出现左侧滑。由于飞机具有方向稳定性，产生的方向稳定力矩会使机头向左偏转。同理，向右压杆偏转副翼后，飞机在向右滚转的同时也会向右偏转。

从上面的分析可知，只偏转方向舵，飞机在偏转的同时也会滚转；只偏转副翼，飞机在滚转的同时也会偏转。从操纵效果看，偏转方向舵和偏转副翼存在一定的互换性，飞行中可以在其中一个舵面效果不好时，通过另一个舵面进行辅助操纵。

4. 大迎角下的横侧反操纵现象

正常情况下向左压杆偏转副翼后，飞机会向左滚转，但在接近或超过临界迎角时，可能出现向左压杆飞机向右滚转的"横侧反操纵"现象。

如向左压杆偏转副翼后，产生的横侧操纵力矩使飞机向左滚转中，会出现左侧滑，左侧滑会产生使飞机向右滚转的横侧稳定力矩。压杆后，上偏的左副翼产生的阻力比下偏的右副翼小，导致的阻力差会加剧左侧滑，也就增加了向右的横侧稳定力矩。在中小迎角下，横侧操纵力矩会比横侧稳定力矩大，即向左压杆飞机会向左滚转。但在接近或超过临界迎角时，机翼上表面后半部出现了较大面积的气流分离，而副翼在机翼后缘的分离区内，偏转副翼后产生的横侧操纵力矩会明显减小；同时在大迎角下，上偏的左副翼和下偏的右副翼产生的阻力差也明显增大，造成的左侧滑角更大，横侧稳定力矩也就更大。迎角大到一定程度时，可能导致向左的横侧操纵力矩小于向右的横侧稳定力矩，出现向左压杆飞机反而向右滚转的"横侧反操纵"现象，后掠翼比平直翼飞机更容易出现这现象。

在大迎角飞行，向左压杆偏转副翼时同时向左偏转方向舵，可以有效预防"横侧反操纵"现象的发生，特别是在大迎角下修正飞机的坡度时更需要方向舵的配合。偏转方向舵可以减小或消除偏转副翼引起的侧滑，减小横侧稳定力矩，使之小于横侧操纵力矩，就不会出现反操纵了，甚至在多偏转方向舵的情况下，还可以产生和横侧操纵力矩方向一致的横侧稳定力矩，帮助飞机滚转。

任务 2　稳定飞行

学习任务

（1）了解稳定飞行的特点及意义。
（2）掌握平飞的运动方程及平飞性能。
（3）掌握上升的运动方程及上升性能。
（4）掌握下降的运动方程，了解无动力下降性能。

飞机的稳定飞行是指飞机不带侧滑和坡度的等速直线飞行，飞机处于受力平衡状态，加速度为零。典型的稳定飞行状态包括平飞、上升和下降。飞机在空中大部分时间是稳定飞行的，飞机稳定飞行的性能对客户选用飞机有决定性的影响，了解稳定飞行的特点和性能，对操作人员使用飞机的过程中，充分发挥飞机的性能、保障飞行安全也有很实用的指导作用。

一、平　飞

平飞是指飞机在水平面内做匀速直线运动，即飞机保持等高、等速飞行，是飞机较常用的飞行状态，对执行运输任务的飞机来说，平飞是最主要的飞行状态。

（一）平飞的作用力

飞机平飞时，作用在飞机上的力有升力（L）、阻力（D）、重力（G）和推力（P）。飞机处于平衡状态时，力和力矩都是保持平衡的。升力和阻力是飞机各部分升力和阻力之和，各部分的升阻力对重心的合力矩为零，因此在只讨论合力的时候可以认为各力的作用点都通过重心。在讨论稳定飞行时，一般只考虑受力平衡。

从图 2-31 所示的平飞作用力图可看出，飞机平飞时，升力与重力平衡、推力（拉力）与阻力平衡，平飞的受力可表示为

$L=G$（保持等高飞行）

$P=D$（保持等速飞行）

此受力平衡关系被称为平飞的运动方程，也称为平飞条件。平飞中两个受力平衡条件必须同时满足，如果一个平衡被破坏，另一个平衡也不能保持，飞机也就不能保持平飞。如飞行中操纵人员加油门过大，推力将大于阻力，速度就会增大、飞机不能保持等速飞行；随着速度增大，飞机升力也会增大并大于重力，飞行高度将会上升、飞机也不能保持等高飞行。

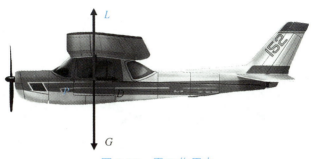

图 2-31 平飞作用力

小贴士

在诸多资料和题库中，只要提到平飞，就蕴含了无论速度高度如何变化，升力是固定的并等于重力，且不考虑飞行中飞机重力的变化。

（二）平飞所需速度

飞机平飞时需要用升力来平衡重力，为获得足够的升力，需要保持一定的飞行速度，此速度就叫作平飞所需速度，简称平飞速度，用 $v_{平飞}$ 表示。综合平飞运动方程和升力公式，可以得到平飞所需速度为

$$v_{平飞} = \sqrt{\frac{2G}{c_L \rho S}} \qquad\qquad (2\text{-}6)$$

从公式中可知，平飞所需速度和飞机的重量、机翼面积、空气密度和升力系数有关。实际使用中，飞机的机翼面积是不变的，升力系数又只随迎角变化，空气密度取决于飞行高度和气温，不受操作人员控制，因此影响平飞所需速度的因素只有飞机重量和迎角。

飞机重量越大，同等情况下平飞所需的速度越大。飞机重量是由飞机自重和加载的载荷所确定的。机型一定自重就确定了。载荷重量包括燃油或电池、执行任务所挂载的重量，在具体的某次飞行中，载荷重量是确定的，飞机的重量也就确定了，除执行投放类作业和燃油消耗外，飞行中重量不会变化。

在临界迎角范围内，随迎角增大，升力系数增大，平飞所需速度减小。换个角度说，小速度平飞需要较大的迎角，大速度平飞需要较小的迎角，即随着平飞速度增大，

迎角是逐渐减小的。

实际飞行中，由于飞行重量已定，平飞所需速度只取决于迎角。

拓展阅读：真速、表速和地速

常用的飞机速度有真速、表速和地速，三者既有区别又有联系。

真速是指飞机相对于空气的运动速度，英文缩写为 TAS，也叫作空速、真空速或直接说"速度"。

表速又叫作指示空速，是空速表指示的速度，英文缩写为 IAS。从空速表的指示原理可知，空速表中的金属膜盒采集到的是动压信息，即 $\frac{1}{2}\rho v^2$。其中，空气密度并不是固定的，它会随气温、高度等因素变化，而空速表是按照固定的比例将动压换算成速度指示出来的，所采用的空气密度固定为国际标准大气规定的海平面密度，即 $1.225\,\text{kg/m}^3$。因此，空速表所指示的速度与飞机的真空速是有差距的，产生此差距的根本原因就是飞行中的空气密度和标准大气海平面的密度不一致。通常真速和表速的互换，是用在某高度标准大气的密度与海平面标准大气密度的比值来计算，即 $TAS = IAS\sqrt{\dfrac{\rho_0}{\rho_\text{H}}}$。但实际飞行中的大气条件通常不是标准大气，按此法计算出来的真速也不准确。同样的表速意味着同样的动压，而飞机飞行中的各种气动力和气动力矩都是和动压成正比的，因此按照表速来操纵飞机是很准确的。

地速是飞机相对于地面的速度，英文缩写为 GS。在飞行中通常是操纵飞机从地面某处飞到地面另一处，因此在领航计算式通常最需要的是地速。飞机在空中飞行时，除了有相对于空气运动的真速外，还随空气一起运动，即随风飘，因此地速和真速之间的差别是风速。领航计算时，将真速和风速求矢量和，就是地速。卫星导航系统，如北斗、GPS 等，其速度数值是根据经纬度坐标来计算出的，是地速。视距内用目视操控的无人机，操控人员通过肉眼判断出来的速度也是地速。

（三）平飞性能

1. 平飞所需推力

平飞中，需要用推力来平衡阻力，才能保持飞行速度不变，为克服飞机阻力需要的推力即为平飞所需推力，也叫平飞所需拉力，用 $P_{平飞}$ 表示。由平飞运动方程可知：

$$P_{平飞} = D = \frac{L}{K} = \frac{G}{K} \tag{2-7}$$

可以看出，平飞所需推力与飞行重量成正比，与升阻比成反比。即飞机重量越大，所需的推力越大；升阻比越大，所需的推力越小。

飞机以不同的速度飞行，对应着不同的迎角，也就有不同的升阻比，所需的推力也就不一样。把不同速度平飞的所需推力用一条曲线展示出来，就是平飞所需推力曲线，也称平飞阻力曲线，如图 2-32 所示。

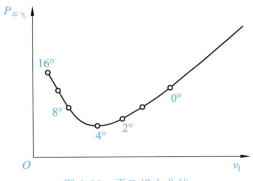

图 2-32　平飞推力曲线

从曲线可以看出，随着飞行速度的增大，平飞所需推力先逐渐减小，到最低点后又逐渐增大。平飞中随速度增大，对应的迎角是减小的，小速度对应的是大迎角。曲线最左侧对应的是临界迎角，大于有利迎角。随着速度增大，迎角越来越接近有利迎角，升阻比也越来越大，当达到有利迎角时，升阻比最大，所需推力就最小，也就是曲线上的最低点，该速度称为最小阻力速度或有利速度。超过有利速度后，迎角又逐渐远离有利迎角，升阻比逐渐减小，所需推力又逐渐增大。

平飞所需推力等于飞机的阻力，飞机的阻力根据产生原因不同，分为诱导阻力和废阻力（包括摩擦阻力和压差阻力）。理论计算和实验结果都表明，废阻力与飞行速度的平方成正比增大；诱导阻力随飞行速度的平方成反比减小，在有利速度时，废阻力和诱导阻力相等，均为总阻力的一半，如图 2-33 所示。

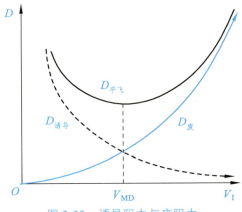

图 2-33　诱导阻力与废阻力

拓展阅读

飞机阻力由废阻力和诱导阻力构成，两种阻力对应的阻力系数为废阻力系数和诱导阻力系数。

在正常迎角范围内，废阻力系数基本不变，废阻力 $D_废 = c_{D废} \dfrac{1}{2} \rho v^2 S$，可见随飞行速度增大，废阻力与飞行速度的平方成正比增大。

诱导阻力系数与升力系数的平方成正比，$c_{Di} = \dfrac{c_L^2}{\pi\lambda}$，平飞中 $c_L = \dfrac{2G}{\rho v^2 S}$，用阻力公式，将诱导阻力系数、升力系数带入，整理后可得诱导阻力为

$$D_i = \frac{2G^2}{\pi\lambda\rho v^2 S} \tag{2-8}$$

可见，随飞行速度增大，诱导阻力随飞行速度的平方成反比减小。

2. 平飞所需功率

平飞中，需要一定的推力克服阻力对飞机做功，推力在单位时间内所做的功称为平飞所需功率，用 $N_{平飞}$ 表示。平飞所需功率为平飞所需推力与飞行速度的乘积，即

$$N_{平飞} = P_{平飞} \cdot v_{平飞} \tag{2-9}$$

可见，平飞所需功率的大小与平飞所需推力和平飞速度有关，将平飞所需功率随飞行速度的变化关系用曲线表达出来，就是平飞所需功率曲线，如图 2-34 所示。

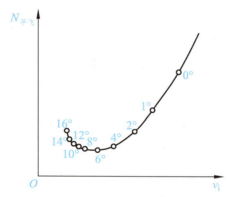

图 2-34　平飞所需功率曲线

通过曲线可看出，随着飞行速度增大，平飞所需功率先减小后增大，在某个速度时存在最小值，该速度称为最小功率速度或经济速度，通常经济速度小于有利速度。因为从曲线左侧开始，随速度增大，平飞所需拉力减小，尽管速度有所增大，但拉力减小的幅度更大，致使平飞所需功率减小；当速度增大到经济速度后，随速度增大，尽管所需拉力还有所减小，但减小幅度已小于速度增大对功率的影响，使平飞所需功率开始增大；超过有利速度后，速度增大时所需拉力也增大，导致平飞所需功率增大更加明显。

3. 平飞拉力曲线和平飞功率曲线

把飞机的可用推力画在飞机的平飞所需推力曲线上，就是平飞推力曲线，如图 2-35 所示。曲线上同一速度可用推力和所需推力之差，就是剩余推力（ΔP）。

$$\Delta P = P_{可用} - P_{平飞} \tag{2-10}$$

从曲线上可看出，剩余推力随飞行速度的增大先增大后减小。由于螺旋桨拉力随着飞行速度的增大会减小，尽管在有利速度飞机所需推力最小，但剩余推力并不是最大的，而是在略小于有利速度的经济速度时对应着最大剩余拉力。

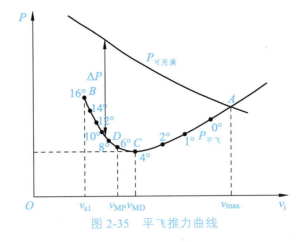

图 2-35 平飞推力曲线

把飞机的可用功率画在飞机的平飞所需功率曲线上，就是平飞功率曲线，如图 2-36 所示。曲线上，同一速度可用功率和所需功率之差，就是剩余功率（ΔN）。

$$\Delta N = N_{可用} - N_{平飞} \qquad\qquad （2-11）$$

从曲线上可看出，剩余功率随飞行速度的增大先增大后减小。尽管在经济速度飞机所需功率最小，此时剩余推力也是最大的，但由于速度偏小，剩余功率并不是最大，而是在略大于经济速度的有利速度时对应着最大剩余功率。

4. 平飞性能参数

体现飞机平飞性能的主要参数有平飞最小速度、平飞最大速度、经济速度、有利速度、平飞速度范围等，讨论时可通过平飞推力曲线和平飞功率曲线进行分析。

1）平飞最小速度

飞机能保持稳定平飞的最小速度叫平飞最小速度，以 v_{min} 表示。在中低空飞行时推力足够，最小平飞速度就是临界迎角（最大升力系数）对应的飞行速度，在曲线中为所需推力或所需功率曲线的左端点对应的速度，其大小为

$$v_{min} = \sqrt{\dfrac{2G}{c_{Lmax}\rho S}} \qquad\qquad （2-12）$$

从式（2-12）可以看出，影响平飞最小速度的因素有飞机重量和最大升力系数。飞机重量越大，平飞最小速度越大；最大升力系数越大，平飞最小速度越小。如飞机放下襟翼后，最大升力系数增大，所以平飞最小速度减小。

随着飞行高度的上升，临界迎角对应的平飞最小速度不变（表速），但因为空气密度下降，对应的真速是增大的。随高度升高，飞机的可用推力会下降，在接近升限的高空飞行时，可能会出现以临界迎角对应的速度飞行时，飞机推力下降到不足以克服阻力的情况。平飞推力曲线中，左侧可用推力曲线和所需推力曲线出现了交点，小于该交点对应的速度时，尽管飞机的迎角还未达到临界迎角，但因推力不足不能维持稳定飞行，因此该交点对应的速度才是此高度上的最小平飞速度，是由飞机可用推力限制的，这就使平飞最小速度（表速）也随飞行高度的升高而增大，真速更是明显增大。

2）平飞最大速度

在加满油门的情况下，飞机保持平飞能达到的最大速度称为平飞最大速度，用 v_{max} 表示。在曲线上就为可用推力（功率）与所需推力（功率）曲线右侧的交点对应的速度，其大小为

$$v_{max} = \sqrt{\frac{2P_{可用满}}{c_D \rho S}} \tag{2-13}$$

从式（2-13）可以看出，影响平飞最大速度的因素有满油门时飞机的可用推力和阻力系数。可用推力越大，飞机平飞所能达到的最大速度越大；阻力系数越大，飞机平飞所能达到的最大速度越小。

随飞行高度升高，螺旋桨的拉力会减小，如果是燃油发动机，发动机的有效功率还会减小，都会导致平飞最大速度减小。

3）平飞速度范围

从飞机的最小平飞速度到最大平飞速度，为平飞速度范围。飞机可以在此范围内的任一速度保持稳定平飞。平飞速度范围越大，说明飞机在飞行中可选择的速度越多，飞机的平飞性能越好。

螺旋桨飞机从最大平飞速度到经济速度为平飞第一速度范围，从经济速度到最小平飞速度为平飞第二速度范围。在第二速度范围内，飞机减小飞行速度，所需的功率更大，需要更大的油门，与平时的操纵习惯相反，加上速度较小、迎角较大，飞机的稳定性和操纵性都较差，因此一般不在第二范围内做稳定平飞。

4）飞行包线

从前面的分析可知，随飞行高度增加，平飞最小速度会增大，平飞最大速度会减小，导致平飞速度范围缩小。将不同高度上的平飞速度范围的变化用曲线表示出来，就是飞行包线，如图 2-37 所示。

从飞行包线上可以直观地看到随高度的升高，平飞速度范围不断缩小，到达理论升限时，飞机只能以经济速度平飞。

飞行包线上可看出最大平飞速度是受到飞机最大可用推力限制；最小平飞速度在一定高度以下是受到临界迎角限制（失速限制），而到了一定高度后，是受到飞机最大可用推力限制的。

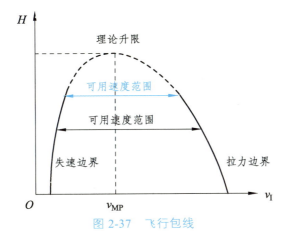

图 2-37 飞行包线

理论上，飞机在包线范围内任意位置（速度和高度组合）都能维持正常的平飞，但实际飞行中考虑到飞机稳定性、操纵性、飞机强度和理论升限无法达到等原因，飞机可以稳定平飞的范围会比包线范围小一些。

5. 续航性能

续航性能包括航时和航程两个参数。航时是指耗尽燃油或电能飞机所能持续飞行的时间，航程是指无风时耗尽燃油或电能飞机沿预定方向飞过的水平距离。平飞阶段的航时和航程称为平飞航时和平飞航程。

1）平飞航时

飞机在空中飞行 1 h 所消耗的燃油或电能称为小时能量消耗量，用 q_h 表示，平飞航时取决于飞机可用于平飞的燃油或者电能量和小时消耗量。

发动机每单位功率每小时消耗的燃油或电能称为能量消耗率，用 c_e 或表示，小时能量消耗量取决于发动机的功率和能量消耗率，即

$$q_h = N_{平飞} \frac{sfc}{\eta} \tag{2-14}$$

其中，η 为螺旋桨效率。能量消耗率取决于发动机的性能，对于具体的发动机和螺旋桨等的动力组合来说，能量消耗率和效率是一定的，小时能量消耗量就取决于平飞所需功率，所需功率越小，小时能量消耗量越小，同样的燃油或电能所能飞行的时间就越长。

以不同的速度平飞，所需功率不同，以经济速度平飞所需功率最小，小时能量消耗量也最小，同样的燃油或电能可以获得最长的航时，故经济速度又称久航速度。

飞机重量越大，平飞所需功率越大，导致小时能量消耗量增大，同样的燃油或电能可以达到的航时越短。

2）平飞航程

飞机无风时在空中飞行 1 km 所消耗的燃油或电能称为千米能量消耗量，用 q_k 表示。平飞航程取决于飞机可用于平飞的燃油或者电能量和千米消耗量。千米能量消耗量和小时能量消耗量的关系为

$$q_k = \frac{q_h}{v} = P_{平飞} \frac{sfc}{\eta} \tag{2-15}$$

飞行中，以有利速度飞行，平飞所需推力最小，但螺旋桨效率不是最高。用稍大于有利速度的速度飞行，尽管所需推力有所增大，但螺旋桨效率的提高可以使单位能量消耗量减小，可以获得更长的航程。千米能量消耗量最小、平飞航程最长的速度称为远航速度，远航速度略大于有利速度。

飞机重量越大，平飞所需推力越大，导致千米能量消耗量增大，同样的燃油或电能可以达到的航程越短。

风对航程也有很大的影响，顺风使航程增大，逆风使航程缩短。若在固定的风场、固定的两地之间往返，如去程为顺风、返程为逆风，也会使飞机的单位能量消耗量增大，导致航程缩短。

实际飞行中，飞机的使用者对续航能力更注重的是航程，而不过多地去追求飞机的航时。

> **小贴士**
>
> 空中加油、利用太阳能电池等手段可增加飞机的可用燃油或电能，使飞机航时和航程增加。有的无人机安装了辅助太阳能电池，可实现在平流层不间断飞行。

（四）平飞操纵原理

平飞的操纵，主要是分析在平飞中改变飞行速度的操纵。而在两个平飞速度范围内改变飞行速度，操纵有较大的区别。

1. 在第一速度范围内改变平飞速度

飞机稳定平飞，当前的飞行速度为 v_1，对应的阻力为 D_1，油门为 P_{k1}，要将飞行速度增加到 v_2，对应的阻力为 D_2，油门为 P_{k2}。参照图 2-38 可知，操纵人员需要加大油门到 P_{k2}，使推力大于阻力 D_1，飞机开始加速。随着飞行速度的增大，为保持平飞，应

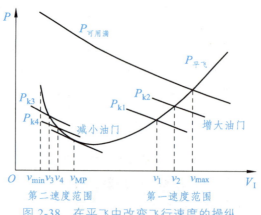

图 2-38　在平飞中改变飞行速度的操纵

适当向前顶杆减小迎角，保持升力和重力平衡。当速度达到 v_2 时，阻力与推力平衡了，飞机保持速度 v_2 稳定平飞。通常在操纵时，为了操纵准确、迅速，往往加油门超过 P_{k2}，当速度达到 v_2 时再将油门收回到 P_{k2}。

减小平飞速度的操纵则相反。

2. 在第二速度范围内改变平飞速度

飞机仍是稳定平飞，当前的飞行速度为 v_3，对应的阻力为 D_3，油门为 P_{k3}，要将飞行速度增加到 v_4，对应的阻力为 D_4，油门为 P_{k4}。与第一速度范围一样，操纵人员需要加大油门使推力大于阻力 D_3，飞机开始加速，随着飞行速度的增大，为保持平飞，应适当向前顶杆减小迎角，保持升力和重力平衡。当速度达到 v_4 时，对应的阻力为 D_4，由于 D_4 比加速前的 D_3 还小，所需的油门 P_{k4} 也比加速前的 P_{k3} 还小，因此应及时收小油门至 P_{k3} 位置。若未及时收小油门到所需位置，飞机会继续加速，直到进入到第一速度范围内，达到与相应的油门对应的速度才能稳定下来。

减小平飞速度的操纵则相反，减速到预定值后需要将油门加到比减速前更大的位置。若未及时加油门到所需位置，飞机会继续减速，若操纵人员未意识到问题原因，随速度减小，为保持平飞继续拉杆增大迎角，则会很快达到临界迎角，使飞机进入失速状态，危及安全。

由上面的分析可知，第二范围内操纵与第一范围内油门是相反的，也不符合人的正常反应，因此无特殊需要时，一般不在第二速度范围内做稳定平飞。

二、上 升

飞机沿倾斜向上的轨迹做的等速直线飞行，叫作上升，上升是飞机获得高度的主要方法。上升轨迹与水平面之间的夹角叫作上升角，用 $\theta_{上}$ 表示，如图 2-39 所示。

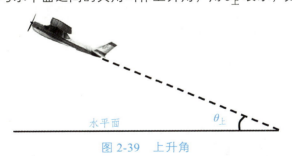

图 2-39 上升角

（一）上升的作用力

飞机上升时，作用在飞机上的力有升力（L）、阻力（D）、重力（G）和推力（P），如图 2-40 所示。

从上升作用力图可看出，飞机上升时，重力与飞行速度既不平行也不垂直，为便于分析，需将重力分解为垂直于速度的分力 G_1 和平行于速度的分力 G_2，上升的受力可表示为

$$L = G_1 = G\cos\theta_{上}（保持直线飞行）\tag{2-16}$$

$$P = D + G_2 = D + G\sin\theta_{上}（保持等速飞行）\tag{2-17}$$

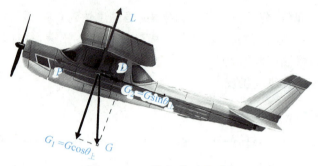

图 2-40　飞机上升时的受力

　　此受力平衡关系被称为上升的运动方程，也称为上升条件。上升中两个受力平衡条件必须同时满足，如果一个平衡被破坏，另一个平衡也将不能保持，飞机也就不能保持直线上升。

> **小贴士**
>
> 　　从上升运动方程可看出，上升所需升力比重力小，与大多数人脑海中的印象不同。

　　飞机上升时需要用升力来平衡重力第一分力，为获得足够的升力，需要保持一定的飞行速度，此速度就叫作上升所需速度，简称上升速度，用 $v_上$ 表示。综合上升运动方程和升力公式，可以得到上升所需速度为

$$v_上 = \sqrt{\frac{2G\cos\theta_上}{c_L \rho S}} = v_{平飞}\sqrt{\cos\theta_上} \qquad (2\text{-}18)$$

　　从公式中可知，以相同重量、相同迎角上升，所需速度比平飞所需速度略小，如果上升角不太大，$\cos\theta_上 \approx 1$，可以认为上升速度和平飞速度相等，因此分析上升性能时，可以用平飞推力曲线和平飞功率曲线分析。

（二）上升性能

1. 上升角和陡升速度

　　前文讲到上升角是上升轨迹或上升速度与水平面的夹角，上升角越大，说明飞机经过相同的水平距离上升的高度越高，飞机的越障能力就越强，受起降场地的净空条件的限制就越低，上升性能越好。

　　将上升的受力关系变形，可得

$$\sin\theta_上 = \frac{P-D}{G} = \frac{\Delta P}{G} \qquad (2\text{-}19)$$

　　从式（2-19）可看出，飞机剩余推力越大、飞机重量越轻，飞机的上升角就越大，飞机上升获取的高度是来自剩余推力做功。

　　能获得最大上升角的速度叫作陡升速度。在飞机重量一定的情况下，上升角的大小只取决于剩余推力，而剩余推力大小取决于油门位置和飞行速度，以满油门和经济速度

飞行，剩余推力最大，飞机就可以取得最大上升角。如果剩余推力足够大，飞机甚至可以垂直上升，即上升角达到 90°，目前有不少高机动性战斗机、无人机能做到垂直上升。

影响飞机上升角的因素主要有飞机重量、飞行高度和气温，风对上升角也有影响。

飞机重量越大，上升角越小。一方面，重量增大所需推力增大，会导致剩余推力减小；另一方面，同样的剩余推力下，重量大上升角也会减小。所以在飞机载重量较大时，飞机的上升角会明显减小。

飞行高度或气温升高，空气密度减小，会使螺旋桨产生的推力减小、剩余推力减小，飞机的上升角减小。如果是燃油发动机，空气密度减小还会使发动机功率减小，也会让剩余推力减小、上升角减小。到理论升限高度后，上升角减小到零。

如果上升中有风，对飞机的上升角会产生影响：顺风使上升角减小、逆风使上升角增大，上升气流使上升角增大、下降气流使上升角减小，如图 2-41 所示。

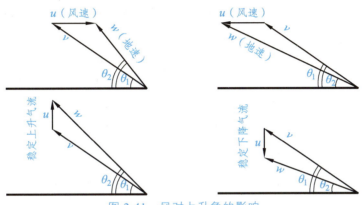

图 2-41　风对上升角的影响

2. 上升率和快升速度

飞机单位时间上升的高度叫作上升率，用 $v_{y\pm}$ 表示，常用的单位为 m/s 和 ft/min。

上升率越大，说明飞机上升到一定高度的时间越短，或者说上升越快，上升性能越好。

上升率就是上升速度的垂直分速，即

$$v_{y\pm} = v_{\pm} \sin \theta_{\pm} = v_{\pm} \frac{\Delta P}{G} = \frac{\Delta N}{G} \qquad (2\text{-}20)$$

从式（2-20）可看出，剩余功率越大、飞机重量越轻，飞机的上升率越大。

能获得最大上升率的速度叫快升速度。在飞机重量一定的情况下，上升率的大小只取决于剩余功率，而剩余功率大小取决于油门位置和飞行速度，以满油门和有利速度飞行，剩余功率最大，飞机就可以取得最大上升率。

影响飞机上升率的因素主要也是飞机重量、飞行高度和气温。

飞机重量越大，上升率越小。一方面，重量增大所需功率增大，会导致剩余功率减小；另一方面，同样的剩余功率下，上升率也会减小。所以在飞机载重量较大时，飞机爬高会比较慢。

飞行高度或气温升高，空气密度减小，会使螺旋桨产生的推力减小，致使功率减小、剩余功率减小，飞机的上升率减小。如果是燃油发动机，空气密度减小还会使发动机功率减小，也会让剩余功率减小、上升率减小。到理论升限高度后，最大上升率减小到零。

> ### 小贴士
>
> 　　快升速度不等于陡升速度，因此飞机以最大上升角上升，上升率并不是最大；反之，以最大上升率上升，上升角也不是最大。如苏 27 战斗机可以垂直上升，海平面最大上升率可达 330 m/s，对应的上升角为 62°。

3. 升　限

　　从前面的分析可知，随着飞行高度的增加，飞机的上升角和上升率都会减小，当飞机上升到某一高度，飞机将不能继续上升，最大上升率减小到 0 的高度称为理论升限。在此高度，飞机只能以经济速度平飞。

　　要上升到理论升限所需的时间是无限长，随着高度的升高，飞机的最大上升率越来越小，飞机爬高越来越慢，上升已没有意义。通常将螺旋桨飞机的最大上升率减小到 0.5 m/s（100 ft/min）时的升限称为实用升限，对喷气式飞机来说，实用升限是对应于最大上升率减小到 2.5 m/s（500 ft/min）时的高度。

（三）上升的操纵原理

1. 上升的两个速度范围

　　飞机上升是靠剩余推力做功，剩余推力越大上升角就越大。要获得最大剩余推力，除了加满油门之外，还和选择的速度直接相关，以经济速度飞行时，剩余推力最大。

　　从平飞功率曲线上可看出，在大于经济速度的范围内上升，拉杆增大迎角时，速度减小、剩余推力增大，上升角增大，符合操纵习惯。在小于经济速度的范围内上升则相反，拉杆增大迎角时，速度减小、剩余推力减小，上升角减小，与操纵习惯不一致。

　　与平飞一样，上升时也以经济速度为界，将上升速度分成两个范围：大于经济速度为上升第一速度范围，小于经济速度为上升第二速度范围，如图 2-42 所示。在上升第二速度范围，不仅操纵与人们的习惯不一致，而且迎角大、速度小，飞机的操纵性、稳定性都差，因此一般不在第二速度范围内做上升。

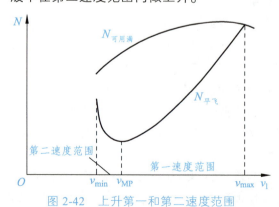

图 2-42　上升第一和第二速度范围

2. 由平飞转入上升的操纵

从上升的运动方程可知，上升中所需升力小于平飞所需升力，但要使飞机由平飞转入上升，也需要升力大于重力，飞机的运动轨迹才会向上弯曲转入上升，进入稳定上升后，再将升力减小。根据操纵特点不同，平飞转入上升有拉杆、加油门以及拉杆与油门结合三种方式。

飞机在平飞中（见图 2-43 中以速度 v_1 平飞），不动油门只适当拉杆偏转升降舵，飞机迎角增大、升力增大，升力大于重力使飞机轨迹向上弯曲，转入上升。飞机上升后重力二分力、迎角增大导致的阻力增大，二者之和大于推力，致使飞机速度减小。当速度减小到图中的 v_2 时，由于所需推力比 v_1 所需推力小，减小速度后可用推力又有所增大，就出现了剩余推力 ΔP，当 ΔP 与重力第二分力平衡时，飞机就保持速度 v_2 稳定上升。

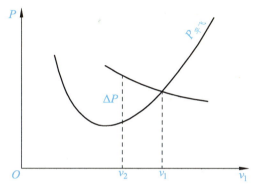

图 2-43　飞机在平飞中转入上升（不动油门只适当拉杆偏转升降舵）

飞机在平飞中（见图 2-44 中以速度 v_1 平飞），不动操纵杆只加大油门，推力增大出现剩余推力 ΔP，剩余推力使飞机加速，速度增大升力增大，升力大于重力使飞机轨迹向上弯曲，转入上升。飞机上升后重力二分力、速度大导致的阻力增大，又使飞机减速，当上升角增大到一定程度，剩余推力与重力二分力平衡时，飞机保持基本不变的速度 v_1 稳定上升。

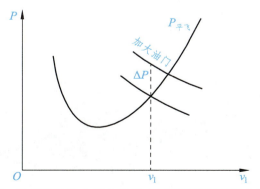

图 2-44　飞机在平飞中转入上升（不动操纵杆只加大油门）

从上面的分析可知，稳定平飞的飞机，只拉杆飞机会以较小的速度上升，只加油门飞机会以基本不变的速度上升，但操纵后飞机升力增大转入上升，速度又逐渐减小的过程比较长，使操纵的准确性较差。为了提高操纵的准确性和缩短过渡过程，实际操纵中更多地采用操纵杆和油门相结合的办法：加大油门到需要的位置，同时适当拉杆偏转升降舵，使飞机转入上升；接近预定的上升角时，再适当顶杆使飞机稳定在预定的上升角。操纵中，操纵杆经历了往复动作后保持在原位置，只是油门加大了，与只加油门效果相同，但操纵更加准确、过渡时间更短。

3. 由上升转入平飞的操纵

操纵飞机由上升转平飞时，应柔和地向前推杆，同时适当收小油门，使飞机上升角逐渐减小；当飞机接近平飞状态时，适当拉杆保持平飞。

向前推杆时，飞机迎角减小、升力减小，小于重力一分力，使飞机轨迹向下弯曲，上升角减小。随着上升角减小，重力二分力也减小，飞机有增加速度的趋势，收小油门相应地减小推力就是为了保持速度。在接近平飞状态时，适当拉杆增大迎角、增大升力，制止飞机轨迹继续向下弯曲，使飞机在达到平飞状态时，刚好保持稳定平飞。

与操纵飞机由平飞转上升相反，上升转平飞只是收小了油门，操纵杆执行了一次往复动作。

三、下　降

飞机沿倾斜向下的轨迹做的等速直线飞行，叫作下降，下降是飞机降低高度的主要方法。下降轨迹与水平面之间的夹角叫作下降角，用 $\theta_下$ 表示。

（一）下降的作用力

飞机下降时，作用在飞机上的力有升力（L）、阻力（D）、重力（G）和推力（P），飞机下降时，推力可以为正，也可以为零甚至为负，推力为零时的下降通常称为下滑。

从图 2-45 中可看出，飞机下降时，重力与飞行速度既不平行也不垂直，为便于分析，需将重力分解为垂直于速度的重力——分力（G_1）和平行于速度的重力——分力（G_2），下降的受力可按如下表示。

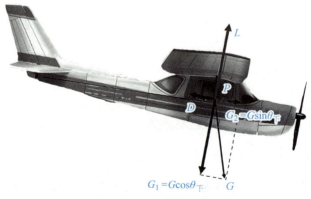

图 2-45　下降作用力

（1）正拉力下降。

$$L = G_1 = G\cos\theta_下 \text{（保持直线飞行）} \tag{2-21}$$

$$D = P + G_2 = P + G\sin\theta_下 \text{（保持等速飞行）} \tag{2-22}$$

（2）零拉力下滑。

$$L = G_1 = G\cos\theta_下 \text{（保持直线飞行）} \tag{2-23}$$

$$D = G_2 = G\sin\theta_下 \text{（保持等速飞行）} \tag{2-24}$$

以上两组受力平衡关系被称为下降的运动方程，也称下降条件，各状态的下降两个受力平衡条件必须同时满足，如果一个平衡被破坏，另一个平衡也将不能保持，飞机也就不能保持直线下降。

飞机下降时需要用升力来平衡重力第一分力，为获得足够的升力，需要保持一定的飞行速度，此速度就叫作下降速度，用 $v_下$ 表示。综合下降运动方程和升力公式，可以得到下降速度为

$$v_下 = \sqrt{\frac{2G\cos\theta_下}{c_L\rho S}} = v_{平飞}\sqrt{\cos\theta_下} \tag{2-25}$$

从公式中可知，以相同重量、相同迎角下降，所需速度比平飞所需速度略小，如果下降角不太大，$\cos\theta_下 \approx 1$，可以认为下降速度和平飞速度相等，因此分析下降性能时，可以用平飞推力曲线和平飞功率曲线分析。

（二）下降性能

飞机的下降性能主要包括最小下降角、最大下降距离和最小下降率。

1. 下降角和下降距离

飞机做降低高度的下降飞行，下降一定高度所前进的水平距离称为下降距离，用 $l_下$ 表示，下降距离和下降角的关系如图 2-46 所示。

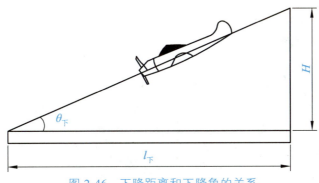

图 2-46　下降距离和下降角的关系

如果是有推力下降，讨论飞机的下降距离没有多大的实际意义，通常关注的是飞机零推力（即闭油门或发动机失效）下滑时的最小下滑角和最大下滑距离。将零推力下滑运动方程两式相除，可得

$$\tan\theta_{下} = \frac{D}{L} = \frac{1}{K} \qquad (2-26)$$

由下滑角与下滑距离的关系可知

$$l_{下} = \frac{H}{\tan\theta_{下}} = H \cdot K \qquad (2-27)$$

从上面的分析可知，零推力下滑时，下滑角的大小只取决于飞机的升阻比；下滑距离的长短取决于升阻比和下降高度，在高度一定时，只取决于升阻比。升阻比越大，下滑角越小，下滑距离越长，以有利速度下滑时升阻比最大，可获得最小下滑角和最长下滑距离。零推力下滑时，下滑角、下滑距离与飞机重量无关。

在发动机失效或闭油门下滑训练时，还常用滑翔比来估算飞机下滑距离的长短。滑翔比是指飞机下滑距离与下降高度之比，即

$$\eta = \frac{l_{下}}{H} \qquad (2-28)$$

在高度一定时，滑翔比越大，飞机的下滑距离越远。在无风情况下的零推力下滑时，滑翔比在数值上等于升阻比，以有利速度下滑，升阻比最大，可获得最大的滑翔比。在有风的环境中下滑，风会影响下滑角、下滑距离：顺风或上升气流中下滑，下滑角减小、下滑距离增长；逆风或下降气流中下滑，下滑角增大、下滑距离缩短。

2. 下降率

飞机单位时间下降的高度叫作下降率，用 $v_{y下}$ 表示，常用的单位为 m/s 和 ft/min。下降率是下降速度的垂直分速，零推力下滑时，其为

$$v_{y下} = v_{下}\sin\theta_{下} \approx v_{下}\frac{D}{G} = \frac{N_{平飞}}{G} \qquad (2-29)$$

从式（2-29）可知，零推力下滑时，下降率与平飞所需功率和飞机重量有关：重量越大下降率越大；平飞所需功率越小，下降率越小，即以经济速度下滑，下降率最小。

除重量外，气温对下降率也有影响。气温升高会使空气密度减小，同迎角下的升阻比不变，但真速增大，会使下降率增大。

小贴士

发动机失效后的下滑，通常追求最长的下滑距离，以便在更大的范围内选择迫降场地，而不盲目追求最小下降率。

（三）下降的操纵原理

1. 下降的两个速度范围

零推力下滑时，以有利速度下滑，下滑角最小。如果下滑速度大于有利速度，拉杆增大迎角、减小下滑速度，升阻比增大，飞机的下滑角是减小的，符合操纵习惯；

如果下滑速度小于有利速度，拉杆增大迎角、减小下滑速度，升阻比减小，飞机的下滑角是增大的，与操纵习惯不一致。

与平飞、上升一样，下滑也可以分为两个速度范围，不同的是下滑以有利速度为界，大于有利速度为下滑第一速度范围，小于有利速度为下滑第二速度范围。在下滑第二速度范围，不仅操纵与人们的习惯不一致，而且迎角大、速度小，飞机的操纵性、稳定性都差，因此一般不在第二速度范围内做下滑。

2. 由平飞转入下降的操纵

操纵飞机平飞转下降，也可以分为只推杆、只收油门和推杆与收油门相结合的方式。

飞机以速度 v_1 平飞时，不动油门只适当推杆偏转升降舵，飞机迎角减小、升力减小，飞机轨迹向下弯曲转入下降，如图 2-47 所示。飞机下降后出现的重力第二分力与推力方向一致，同时迎角减小导致阻力减小，二者共同作用使飞机速度增大。当速度增大到图中的 v_2 时，由于所需推力比 v_1 所需推力大，增大速度后可用推力又有所减小，就出现了负的剩余推力 ΔP，当 ΔP 与重力第二分力平衡时，飞机就保持速度 v_2 稳定下降。

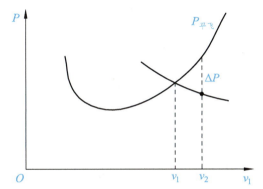

图 2-47　飞机平飞转下降（不动油门只适当推杆偏转升降舵）

飞机以 v_1 速度平飞时，不动操纵杆只适当收小油门，推力减小出现负的剩余推力 ΔP 使飞机减速，速度减小升力减小，升力小于重力使飞机轨迹向下弯曲，转入下降，如图 2-48 所示。飞机下降后出现与推力方向一致的重力第二分力、速度小导致的阻力减小，又使飞机加速，当下降角增大到一定程度，重力第二分力与负的剩余推力 ΔP 平衡时，飞机保持基本不变的速度 v_1 稳定下降。

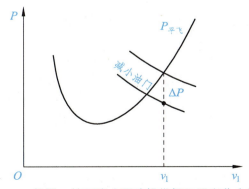

图 2-48　飞机平飞转下降（不动操纵杆只适当收小油门）

从上面的分析可知，稳定平飞的飞机，只推杆飞机会以较大的速度下降，只收油门飞机会以基本不变的速度下降，但操纵后到进入稳定下降的过程比较长，使操纵的准确性较差。为了提高操纵的准确性和缩短过渡过程，实际操纵中更多地采用操纵杆和油门相结合的办法：收小油门到需要的位置，同时适当推杆偏转升降舵，使飞机转入下降；接近预定的下降角时，再适当拉杆使飞机稳定在预定的下降角。操纵中，操纵杆经历了往复动作后保持在原位置，只是油门减小了，与只收油门效果相同，但操纵更加准确、过渡时间更短。

3. 由下降转入平飞的操纵

操纵飞机由下降转平飞时，应柔和地向后拉杆，同时适当加大油门，使飞机下降角逐渐减小；当飞机接近平飞状态时，适当顶杆保持平飞。

向后拉杆时，飞机迎角增大、升力增大，大于重力第一分力，使飞机轨迹向上弯曲，下降角减小。随着下降角减小，重力第二分力也减小，飞机有减速的趋势，加大油门相应地增大推力就是为了保持速度。在接近平飞状态时，适当推杆减小迎角、减小升力，制止飞机轨迹继续向上弯曲，使飞机在达到平飞状态时，刚好保持稳定平飞。

和操纵飞机由平飞转下降相反，下降转平飞只是加大了油门，操纵杆执行了一次往复动作。

4. 改变下滑状态的操纵

飞机在下滑时，一个迎角对应着一个下滑速度，也对应着相应的下滑角、下滑距离和下降率。因此在发动机失效或闭油门下滑中，可以通过操纵杆调整下滑速度，改变飞机的下滑状态。

在下降第一速度范围内，适当拉杆会使迎角增大、下滑速度减小，飞机升阻比增大，下滑角减小、下滑距离增长；同理，适当推杆会使下滑速度增大、下滑角增大、下降距离缩短。拉杆使迎角增大到有利迎角，即保持有利速度下滑，下滑角最小、下滑距离最长。

在下降第二速度范围内，适当拉杆也会使迎角增大、下滑速度减小，但飞机升阻比减小，下滑角增大、下滑距离缩短，下滑角和下滑距离的改变和第一速度范围相反。

在飞行过程中发动机失效，操纵人员要充分利用飞机现有高度尽可能地获得更远的下滑距离，以便在更广的范围内选择迫降场地，因此需要尽快通过操纵杆调整下滑速度到有利速度（一般略大于有利速度），以保持最小下滑角下滑。选择好迫降场地后，如果飞机高度偏高，再通过操纵杆调整下滑速度，改变下滑角和下滑距离。

任务 3　几种常见的飞行状态

学习任务

（1）掌握载荷因数的物理意义，了解载荷因数的限制。

（2）掌握盘旋的运动方程及操纵原理。

（3）了解失速螺旋的成因，掌握改出方法。

（4）掌握滑跑起飞着陆的操纵原理，了解起飞着陆性能。

与稳定飞行相对应的是机动飞行，最常见的机动飞行是盘旋（转弯），本部分内容先讨论盘旋的相关知识，然后对失速螺旋、起飞着陆两类飞行状态进行阐述。

一、载荷因数

机动飞行是飞机速度不断变化的飞行，速度变化是加速度作用的结果，因此与稳定飞行中飞机无加速度对应，机动飞行则是飞机有加速度的飞行。加速度是描述速度变化快慢的物理量，加速度越大，飞机速度变化就越快，飞机的机动性就越强。从牛顿第二运动定律（$F=ma$）可知，加速度是外力作用的结果，作用力越大，产生的加速度就越大。

（一）载荷因数的定义

飞机受到的除重力外的所有力的合力，叫作飞机的载荷。飞机载荷与重力的比值，称为载荷因数，也称载荷系数、过载，用 n 表示，即

$$n=\frac{F}{G} \tag{2-30}$$

载荷因数可以分解到机体轴系的三条轴上：纵轴方向上的纵向载荷因数 n_x、立轴方向上的法向载荷因数 n_y、横轴方向上的侧向载荷因数 n_z。根据飞机各轴方向上的受力特点，载荷因数的大小分别为

$$n_x=\frac{P-D}{G} \tag{2-31}$$

$$n_y=\frac{L}{G} \tag{2-32}$$

$$n_z=\frac{Z}{G} \tag{2-33}$$

式中，Z 为侧力，由于飞机左右对称，通常只有侧滑时才会产生侧力。

在机动飞行中，不同飞行状态升力的变化很大，即法向载荷因数变化很大，而纵向和侧向载荷因数较小且变化不大，因此在不做特殊说明的前提下，载荷因数通常指法向载荷因数。

根据牛顿第二运动定律，升力就是飞机质量与法向加速度的乘积，因此载荷因数为

$$n_y=\frac{L}{G}=\frac{ma}{mg}=\frac{a}{g} \tag{2-34}$$

可见，载荷因数的本质就是以 g 为单位的加速度。稳定飞行飞机受力平衡、无加速度，载荷因数为 1；机动飞行飞机有加速度，载荷因数就不为 1。

（二）载荷因数的限制

载荷因数越大，表示飞机的加速度就越大，飞机的受力也就越大。飞机上的所有部件、装载都随飞机一起运动，和飞机有相同的加速度，载荷因数越大，它们的受力也越大，对飞机和部件的强度要求也就越高。

平飞时飞机的载荷因数为 1。当 $n_y > 1$ 时称为超重，飞机会承受超过自身重力的升力；当时 $n_y < 1$ 称为失重，飞机承受的升力小于自身重力，当时 $0 < n_y < 1$ 为部分失重，当时 $n_y = 0$ 为完全失重。当 $n_y < 0$ 时为负过载，飞机的升力为负，在纵轴的反方向。

由于飞机或部件的材料和重量限制，其强度是有限的，因此所能承受的载荷因数也是有限的。所有机型都规定了限制载荷因数，飞机必须能够承受限制载荷因数而不产生危及飞行安全的永久变形，限制载荷因数也称最大允许使用载荷因数。为了确保安全，限制载荷因数有一定的裕量，通常留有 1.5 倍安全系数，限制载荷因数的 1.5 倍为极限载荷因数，飞机结构强度必须能承受极限载荷因数 3 s 而不被破坏。

设计飞机时会根据飞机的用途设计与之适应的强度，使用飞机的过程中，装载不同时载荷因数的限制也是不同的。根据美国联邦航空条例（Federal Aviation Regulations，FAR）的划分，常见的民用航空器的限制载荷因数见表 2-1。

表 2-1　常见民用航空器的限制载荷因数

类别		限制载荷因数	
		正过载	负过载
FAR 23 部	正常类	3.8	−1.5
	实用类	4.4	−1.8
	特技类	6.0	−3.0
FAR 25 部	运输类	2.5	−1.0

无人机根据用途，也参照有人机的规定设计限制载荷因数。

小贴士

在飞行中，有人机的飞行人员和乘客也和飞机承受相同的过载。健康成人所能承受的过载范围为：正过载 5~6，负过载 −1~−2。

二、盘　旋

盘旋是飞机在水平面内做的匀速圆周运动，盘旋包含水平转弯、上升转弯和下降转弯的共性，操纵人员通过盘旋练习掌握飞机转弯的操纵技能。

（一）盘旋的作用力

飞机盘旋时所受的力有升力（L）、阻力（D）、推力（P）和重力（G），如图 2-49

所示。根据升力所起的作用，可将升力分解为铅垂面内的升力垂直分力和水平面内的升力水平分力，升力的水平分力起飞机转弯的向心力作用。

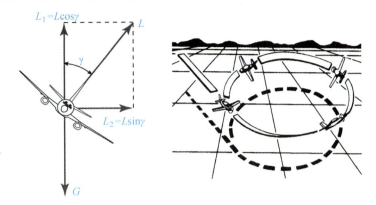

图 2-49　飞机盘旋时受力

做稳定的盘旋，要求飞机不带侧滑，飞行高度、速度、盘旋半径保持不变，就必须满足受力关系为

$$L\cos\gamma = G \text{（保持高度不变）} \tag{2-35}$$

$$L\sin\gamma = m\frac{v^2}{R} \text{（保持半径不变）} \tag{2-36}$$

$$P = D \text{（保持速度不变）} \tag{2-37}$$

以上受力平衡关系被称为盘旋的运动方程，也称盘旋条件。

从盘旋运动方程可看出，要保持高度不变，需要用升力的垂直分力平衡重力，升力的垂直分力随升力的增大而增大、随坡度的增大而减小，升力大小由速度和迎角决定；要保持盘旋速度不变，需要推力和阻力平衡，推力大小由油门位置决定，阻力大小由速度和迎角决定；要保持盘旋半径不变，就需要速度和向心力不变，向心力是升力的水平分力，决定于升力和坡度的大小。

从上面的分析看出，要做好稳定盘旋，要求飞机的姿态、速度和油门协调配合。

由盘旋受力关系中升力垂直分力平衡重力进行变形，可得盘旋的载荷因数为

$$n_y = \frac{L}{G} = \frac{L}{L\cos\gamma} = \frac{1}{\cos\gamma} \tag{2-38}$$

从式（2-38）可知，稳定盘旋中的载荷因数只取决于盘旋坡度，坡度越大，载荷因数越大，如图 2-50 所示。

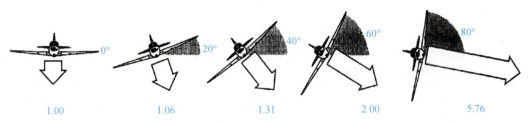

图 2-50　盘旋坡度对载荷因数的影响

（二）盘旋性能

描述飞机盘旋性能的参数主要有盘旋半径、盘旋时间和转弯角速度，盘旋半径越小、盘旋时间越短、转弯角速度越大，飞机的盘旋性能就越好，飞机的水平机动性越强。

由盘旋的运动方程可得出，盘旋半径的大小为

$$R = \frac{mv^2}{L \sin \gamma} = \frac{Gv^2}{gL \sin \gamma} = \frac{L \cos \gamma v^2}{gL \sin \gamma} = \frac{v^2}{g \tan \gamma} \qquad （2\text{-}39）$$

由式（2-39）可知，盘旋速度越小、盘旋坡度越大，盘旋半径就越小。

盘旋时间是指飞机盘旋一周所需要的时间，也称盘旋周期；转弯角速度为单位时间飞机转过的角度。二者的大小分别为

$$t = \frac{2\pi R}{v} = \frac{2\pi v}{g \tan \gamma} \qquad （2\text{-}40）$$

$$\omega = \frac{v}{R} = \frac{g \tan \gamma}{v} \qquad （2\text{-}41）$$

式（2-40）和（2-41）表明，当盘旋坡度一定时，盘旋速度越小，盘旋时间越短、转弯角速度越大；盘旋速度一定时，盘旋坡度越大，盘旋时间越短、转弯角速度越大。因此，要尽快地转弯，就需要用较小的速度和较大的坡度。

盘旋需要足够的升力，根据升力公式可得盘旋所需速度为

$$v_{\text{盘旋}} = \sqrt{\frac{2G}{c_{\text{L}} \rho S \cos \gamma}} = v_0 \frac{1}{\sqrt{\cos \gamma}} = v_0 \sqrt{n_y} \qquad （2\text{-}42）$$

可以看出，盘旋所需速度除和平飞一样取决于飞机重量、升力系数等参数外，还取决于坡度。坡度越大，同样迎角的盘旋所需速度越大，盘旋速度为平飞速度的 $\sqrt{n_y}$ 倍。

盘旋所需推力为

$$P_{\text{盘旋}} = D_{\text{盘旋}} = \frac{1}{2} c_{\text{L}} \rho v_{\text{盘旋}}^2 S = \frac{1}{2} c_{\text{L}} \rho n_y v_0^2 S = P_0 n_y \qquad （2\text{-}43）$$

盘旋所需功率为

$$N_{\text{盘旋}} = \frac{P_{\text{盘旋}} v_{\text{盘旋}}}{75} = N_0 \sqrt{n_y^3} \qquad （2\text{-}44）$$

从式（2-43）和式（2-44）可知，盘旋所需拉力为平飞的 n_y 倍，盘旋所需功率为平飞的 $\sqrt{n_y^3}$ 倍。

从分析可知，盘旋所需的速度、推力和功率都比平飞大，大的倍数和载荷因数直接相关。盘旋坡度越大，载荷因数就越大，即所需速度、推力、功率都越大。而飞机的推力和功率、最大允许过载都有一定的限制，所以要保持稳定盘旋的坡度不能无限增大，这导致减小盘旋半径、缩短盘旋时间和增大转弯角速度都有一定的局限。每架飞机都有该机型的最小盘旋半径、最短盘旋时间和最大转弯角速度。

（三）盘旋的操纵原理

盘旋分为进入、稳定盘旋和改出三个阶段。在盘旋的进入阶段，飞机逐渐形成并增大坡度，稳定盘旋阶段飞机保持坡度不变，改出阶段坡度逐渐减小并改平。操纵人员需要根据不同阶段的特点进行相应的操纵，才能做好盘旋。

1. 进入阶段

进入盘旋前，确定好进入盘旋的方向，采用加油门顶杆平飞加速的办法将飞机速度增加到盘旋所需速度。

当速度达到所需速度，协调一致地向盘旋方向压杆和偏转方向舵。压杆的目的是使飞机形成坡度，产生升力的水平分力，使飞机向转弯方向做曲线运动；偏转方向舵是操纵飞机向转弯方向偏转，使机头跟上速度方向，避免产生侧滑。

随着坡度增大，在压杆的同时相应地向后带杆并继续偏转方向舵。坡度增大后升力的垂直分力减小，飞机有掉高度的趋势，带杆是为了适当增大迎角、增大升力，保持升力垂直分力与重力平衡，飞机不掉高度；坡度和升力增大使转弯的向心力也增大，需继续偏转方向舵避免出现侧滑。

接近预定坡度时，回杆使副翼回中立，并适当回方向舵。回副翼是不再让飞机加速滚转，让滚转角速度在横侧阻尼力矩的作用下逐渐消失，使飞机稳定在预定坡度。根据压杆量的大小、左右盘旋螺旋桨副作用的影响不同，有的飞机还需要向盘旋反方向适当压杆，以保持预定坡度；进入盘旋时为了使飞机加速偏转，偏转方向舵的量偏大，适当回方向舵，使飞机保持与转弯角速度一致的偏转角速度，避免侧滑。

2. 稳定盘旋阶段

在盘旋的进入阶段，如果飞机的坡度、迎角、油门和舵量配合适当，飞机就将保持预定坡度进行稳定盘旋。在此阶段，操纵人员需要及时发现并修正可能出现的各种偏差，使飞机保持稳定盘旋。常见的偏差是速度和高度保持不好。

1）修正高度偏差

出现高度偏差的原因是没有保持好坡度和迎角。

发现盘旋中高度变化，首先应检查坡度是否准确，坡度不准会引起所有盘旋参数不准。如坡度小了，升力的垂直分力会大于重力，引起高度上升，同时会让盘旋速度减小；反之，坡度大了，则会引起高度降低、盘旋速度增大。因此出现高度偏差，首先应保持好坡度，再用杆操纵升降舵改变迎角保持高度，高度偏低应适当增加带杆量，高度偏高应适当减少带杆量。

2）修正速度偏差

在盘旋中发现速度偏差，首先还是需要检查坡度是否准确，在保持好坡度和高度的前提下，用油门和杆保持速度。坡度和高度正确，速度偏大，说明油门偏大，应适当收油门，随着速度减小适当带杆保持高度；反之，速度偏小，则应加大油门，并随着速度增大适当顶杆保持高度。

如果高度偏差影响到速度，应先保持好高度，再修正速度。

3）副翼和方向舵协调

盘旋中飞机同时存在着绕立轴和横轴转动的角速度，两翼上的惯性力矩有使坡度减小的趋势；飞机做圆周运动，外翼与内翼的半径不同，从图 2-51 可看出外翼半径大，经过的路程长，速度大于内翼，升力也大于内翼，坡度有增大的趋势。坡度是增大还是减小，是二者共同作用的结果。对于大多数低速无人机，盘旋半径较小，两翼升力差使坡度增大的趋势更明显，为保持坡度需向盘旋反方向适当压杆偏转副翼。

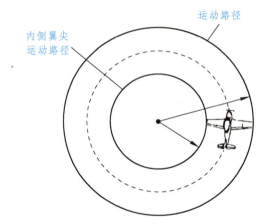

运动路径

内侧翼尖
运动路径

图 2-51　飞机做圆周运动时，内外翼运动路径的差异

稳定的盘旋应没有侧滑，若出现与盘旋方向相同的侧滑称为内侧滑，如左盘旋时出现左侧滑；与盘旋方向相反的侧滑称为外侧滑，如左盘旋时出现右侧滑。方向舵量以保持无侧滑为准，一般中小坡度盘旋方向舵量不大，大坡度盘旋时舵量较大。

盘旋时，飞机的重心在做圆周运动，其角速度为转弯角速度；同时机头也在绕立轴偏转，角速度为偏转角速度。若两个角速度大小一致，如都为 18°/s，经过 5s 重心转过 90°，即速度方向改变了 90°，同时机头也偏转了 90°，飞机就不带侧滑。若两个角速度大小不一致，如转弯角速度大于偏转角速度，飞机重心转过 90°、速度方向改变 90° 时，机头偏转不到 90°，机头没跟上速度变化，会出现内侧滑；反之，转弯角速度小于偏转角速度就会出现外侧滑。内侧滑说明方向舵量不足，外侧滑说明方向舵量过大。

小贴士

对于没有侧滑信息反馈的无人机，通过目视很难从飞机状态判断是否出现侧滑，盘旋中可通过转弯一段时间后看机头是否与重心转过角度一致进行判断。

稳定盘旋阶段操纵方法小结：用压杆（副翼）保持好坡度，用带杆（升降舵）保持好高度，用方向舵保持不带侧滑，用油门保持好速度，即油门和舵量正确配合。

3. 改出阶段

改出盘旋时，飞机坡度逐渐减小，改出过程中飞机还会继续转弯，为使飞机在预定方向改出盘旋，在稳定盘旋后期，根据飞机接近改出方向的速度和改出动作的快慢决定改出的提前量。改出动作过慢或时机过晚，改出后飞机会超过预定方向，反之，改出后会未达到预定方向。

改出盘旋时，应向盘旋反方向压杆偏转副翼，使飞机坡度减小；同时向盘旋反方向偏转方向舵，减小飞机偏转角速度，避免产生侧滑。随着飞机坡度减小，逐渐向前顶杆减小升力垂直分力并适当收小油门，保持高度和速度不变。在飞机接近平飞状态时，将副翼、方向舵回到中立位置，保持平飞。

三、失速和螺旋

飞行中，操纵人员操作错误或遭遇到强烈的扰动气流等，可能会导致飞机进入失速状态，失速后若未能及时发现和改出，还可能使飞机进入螺旋，危及飞行安全。操纵人员应熟悉失速螺旋的成因和飞机的性能，才能有效防止飞机进入失速螺旋，并在进入失速螺旋后能准确判断并有效改出，以保证飞行安全。

1. 失 速

1）失速的定义及原因

飞机迎角超过临界迎角后，不能保持正常飞行的现象称为失速。

从图 2-52 中可看出，当飞机超过临界迎角后，气流不能再平滑流过机翼表面，机翼上表面大部分产生强烈的气流分离，产生强烈的气动抖动，升力大量丧失、阻力急剧增大，致使飞机速度迅速减小、高度下降、机头下沉等现象，不能维持正常飞行，这种状态称为失速。

图 2-52　超过临界迎角后，机翼上表面产生气流分离

失速的根本原因是迎角超过临界迎角，直接原因是操纵粗猛。

2）失速速度

飞机刚进入失速时的速度称为失速速度，用 v_s 表示。如果飞机在平飞中进入失速，其失速速度记为 v_{s0}，平飞升力和重力相等、失速时迎角为临界迎角，其对应的失速速度为

$$v_{s0} = \sqrt{\frac{2L}{c_{Lmax}\rho S}} = \sqrt{\frac{2G}{c_{Lmax}\rho S}} \qquad (2\text{-}45)$$

由式（2-45）可知，平飞失速速度和飞机重量有关，飞机重量越大，失速速度越大；和临界迎角对应的最大升力系数有关，如放下襟翼，最大升力系数增大，对应的失速速度减小。

若是飞机在机动飞行，升力就是重力的 n_y 倍，失速速度就为

$$v_{sm} = \sqrt{\frac{2L}{c_{Lmax}\rho S}} = \sqrt{\frac{2n_y G}{c_{Lmax}\rho S}} = v_{s0}\sqrt{n_y} \qquad (2\text{-}46)$$

机动飞行的失速速度是平飞失速速度的 $\sqrt{n_y}$ 倍，如盘旋中坡度越大，对应的载荷因素就越大，失速速度也越大。

从前面的分析知道，失速的原因是迎角大而不是因为速度小，只要操纵人员拉杆粗猛、造成的过载足够大，任何速度下都可能会失速。

3）失速的判断和改出

飞机接近失速时，会出现较明显的非操纵性的抖动、摇晃、飞机速度减小和机头下沉等现象，由此可以判断飞机接近或已经进入失速状态。

失速的根本原因是迎角太大，超过了临界迎角。无论飞机是什么飞行状态，只要判明飞机进入了失速状态，就应及时向前推杆下偏升降舵减小迎角。当迎角减小到小于临界迎角、飞机速度增大到超过失速速度后，再柔和拉杆改出，转入正常飞行。在推杆改出失速时，一定要放平方向舵，避免飞机由失速发展为螺旋。

拓展阅读：失速警告

大多无人机操纵人员所能收到的飞机状态信息有限，不能直观看到飞机的迎角，也不能感受到杆舵抖动等失速特有的信息，飞机抖动、摇晃也不一定看得见，因此判断飞机接近或已经失速有很大的难度。而有人机则不同，飞行员对飞机的状态感知非常直观，飞机还未失速就会出现失速警告，帮助飞行员判断和预防进

入失速状态。失速警告是在飞机接近失速时，自动出现的、为失速状态特有的、能被飞行人员清楚辨别的现象。根据产生原因不同，可分为自然警告和人工警告两大类。

自然警告主要是气动抖动、杆舵变轻和抖动、飞机摇晃等。其原因是接近临界迎角时，机翼上出现严重的气流分离，气流分离时而严重、时而缓和，造成飞机升力时大时小，引起飞机抖动；舵面处于涡流区中，作用在舵面上的气动力也时大时小，引起杆舵变轻和抖动；左右机翼涡流区不能完全一致，造成两翼升力不同，引起飞机摇晃。

为避免自然警告强度不足，通常还设计有人工警告。人工警告在迎角接近临界迎角时触发，根据表现形式不同，分为视觉警告（指示灯、指示器）、听觉警告（提示音、警告音）和触觉警告（振杆器、抖杆器）。

2. 螺　旋

飞机失速后，如果未能及时改出，又出现了滚转或偏转，就有可能发展为螺旋。螺旋是飞机失速后绕空中某一垂直轴沿很陡的、半径很小螺旋线急剧下降，同时伴随着强烈的滚转和偏转的非操纵性的飞行状态，如图 2-53 所示。

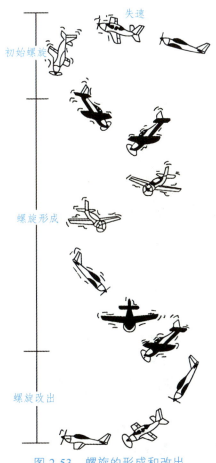

图 2-53　螺旋的形成和改出

1）螺旋的成因

低速飞机进入螺旋的原因是飞机失速后出现了机翼自转，机翼自转的原因是超过临界迎角后飞机丧失了横侧阻尼。如飞机受扰后向左滚转，左翼下沉致使迎角增大，右翼上扬迎角减小，如图 2-54 所示。若飞机迎角小于临界迎角[见图 2-54（a）]，左翼迎角增大、升力系数增大引起左翼升力增大，同理右翼迎角减小升力减小，两翼的升力差对飞机形成的滚转力矩是向右的，阻碍飞机滚转的横侧阻尼力矩；若飞机的迎角大于临界迎角[见图 2-54（b）]，左翼迎角增大升力系数反而减小，引起左翼升力减小，同理右翼迎角减小升力反而增大，两翼的升力差对飞机形成的滚转力矩是向左的，是让飞机加速向左滚转而不是阻碍飞机滚转的横侧阻尼力矩。即飞机超过临界迎角后，由于某种原因引起了飞机滚转，飞机会进入越滚转越快的自动滚转状态。

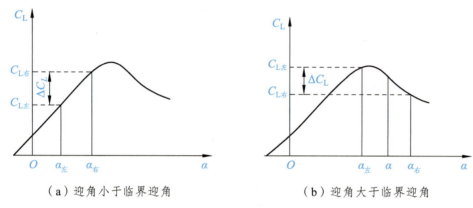

（a）迎角小于临界迎角　　　　　　　　（b）迎角大于临界迎角

图 2-54　低速飞机进入螺旋的原因

进入机翼自转后，下沉的左翼迎角大，阻力会远大于迎角更小的右翼，阻力差致使飞机在向左滚转的同时向左偏转。飞机超过临界迎角升力降低，同时滚转形成坡度后升力的垂直分力更小，不能平衡重力，飞机会迅速掉高度。螺旋中飞机重心的运动轨迹是一条抛物线，在接近垂直下降时，飞机的升力就在水平面内，作为向心力使飞机在下降的过程中还做小半径的圆周运动。

因此，螺旋中的飞机会同时绕三条轴转动，一边旋转一边沿螺旋线轨迹迅速下降。

2）螺旋的改出

螺旋的成因是飞机失速后机翼自转，因此改出螺旋的关键就是制止机翼自转和改出失速。制止机翼自转的方法是向螺旋反方向偏转方向舵（通常是满舵）。偏转方向舵产生的操纵力矩可制止偏转，同时产生内侧滑，使内翼的升力增大、外翼的升力减小，可有效制止飞机滚转。改出失速需要推杆减小迎角，只要迎角减小到小于临界迎角，飞机就改出了失速。

当飞机停止旋转后，及时将方向舵放平，防止飞机进入另一个方向的旋转。并在飞机速度超过失速速度后柔和拉杆改出失速。

防止飞机进入螺旋的关键是操纵动作要柔和，防止飞机失速。一旦飞机进入失速状态，要防止无意中压杆或偏转方向舵，使飞机横侧平衡被破坏进入螺旋，并尽量在飞机进入螺旋之前改出失速。在改出失速和螺旋后的拉杆中一定要防止动作粗猛，使飞机进入二次失速和螺旋。

四、起飞和着陆

有人机的起飞和着陆，无人机通常叫作发射和回收，但对于用轮式起落架通过滑跑升空、落地后通过滑跑减速停止的无人机来说，也称为起飞和着陆。

1. 起 飞

对于安装了轮式起落架的飞机，从跑道上开始滑跑，加速到一定速度抬起前轮，离地并上升到起飞越障高度的过程叫作起飞，如图 2-55 所示。

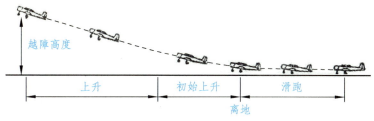

图 2-55　轮式起落架飞机的起飞

1）起飞的操纵原理

飞机起飞需要产生足够的升力，当升力大于重力时，飞机就能离开地面。对于一架固定的飞机来说，升力取决于速度和迎角，起飞操纵的关键就是尽快增速和适当增大迎角，以尽快产生足够的升力，同时还需保持好滑跑方向。

（1）加油门。滑跑起飞是利用飞机自身的动力使飞机加速，为了使飞机尽快增速就需要加油门增大推力，通常是加满油门。

（2）拉杆抬前轮离地。当速度增大到抬前轮速度时，拉杆抬起前轮，使飞机迎角适当增大，增大升力系数、增大升力。不同的机型和起飞方式抬前轮速度的规定不同，大多数民用有人机和无人机抬前轮速度约为离地速度的95%，有的飞机为了充分发挥起飞性能，抬前轮速度约为离地速度的70%。抬前轮的高度以改善飞机的离地迎角为准，抬前轮过高，会使离地迎角过大、离地速度过小，飞机离地后的稳定性和操纵性都不好，还有可能在起飞中擦机尾危及安全；抬前轮高度过低，会使离地迎角小、滑跑距离过长。

（3）用舵保持好滑跑方向。滑跑中有许多原因可能使飞机偏离滑跑方向，使飞机偏出跑道危及安全，使飞机偏离方向的原因主要有螺旋桨滑流、跑道不平、侧风等。操纵人员需随时关注飞机滑跑方向，一旦滑跑方向有偏离的趋势，就要及时使用方向舵加以修正，使飞机始终保持在跑道内滑跑。

随着滑跑速度的增大，飞机升力也逐渐增大，当升力略大于重力时，飞机就会自动离地。刚离地的飞机速度还较小，还在第二速度范围内，不宜立即转入正常上升，需要适当顶杆使飞机保持较小的上升角缓慢上升、尽快增速，速度达到正常上升速度后，再拉杆转入正常上升。离地后的缓慢上升阶段称为初始上升或小角度上升。

2）起飞性能

飞机起飞性能的优劣，通常参考起飞离地速度、起飞滑跑距离和起飞距离三个参数进行判断。

起飞中飞机刚离开地面时的速度叫起飞离地速度，用 v_{lof} 表示。起飞离地速度越小，说明离地前的加速时间和滑跑距离越短，起飞性能越好。飞机离地瞬间飞机的升力等于重力，结合升力公式，可知离地速度为：

$$v_{lof} = \sqrt{\frac{2G}{c_{Llof}\rho S}} \quad\quad\quad (2\text{-}47)$$

从式（2-47）可知，起飞重量越大，离地速度越大；离地升力系数越大，离地速度越小。离地升力系数又和离地迎角（抬前轮高度）、襟翼的使用有关，设计有襟翼的飞机，在起飞时通常放下小角度襟翼以提高离地时的升力系数，减小离地速度，达到缩短滑跑距离的目的。

起飞距离是指飞机从开始滑跑到离地并上升到起飞越障高度所经过的水平距离，用 l_{TO} 表示，包括起飞滑跑距离和空中段距离。起飞滑跑距离是飞机从开始滑跑到离开地面所经过的距离，用 l_{TOR} 表示；空中段距离是指飞机从离地到上升到起飞越障高度所经过的水平距离，用 l_{AIR} 表示，起飞越障高度的规定根据起降场和机型制定，通常航线飞机规定 50 ft，无人机规定更低。

起飞滑跑距离是衡量飞机起飞性能的最主要的指标，该距离越短，说明飞机对机场、跑道的依赖越小，起飞性能越好。起飞滑跑距离的计算公式为

$$l_{TOR} = \frac{1}{2}a_{AVG}t_{TOR}^2 = \frac{v_{lof}^2}{2a_{AVG}} \quad\quad\quad (2\text{-}48)$$

可以看出，起飞滑跑距离与离地速度和起飞滑跑中的平均加速度有关，离地速度越大，滑跑距离越长；平均加速度越大，滑跑距离越短。现代飞机、无人机，推力大、加速快，即平均加速度大，已不再追求过小的起飞离地速度了。

空中段距离越短，表示飞机起飞对净空条件的要求越低，起飞性能越好。参照飞机的上升性能可知，起飞重量越大，空中段距离越长；剩余推力越大，空中段距离越短。因此，要使空中段距离缩短，离地后仍需用满油门并将速度达到经济速度后保持该速度上升，若起飞场地周围无高大障碍，通常不太注重空中段距离。

风会影响飞机的起飞性能，逆风起飞时，飞机的离地速度（地速）小、滑跑距离和起飞距离都缩短，飞机的起飞性能好；顺风起飞则离地速度大、滑跑距离和起飞距离都增长，飞机的起飞性能变差。在实际飞行中，应根据场地、气象和飞机性能灵活选择起飞方向。

2. 着　陆

飞机从一定高度下滑，经过拉平接地直至完全停止的过程叫作着陆，着陆可以分为下滑、拉平、接地和着陆滑跑四个阶段，如图 2-56 所示。

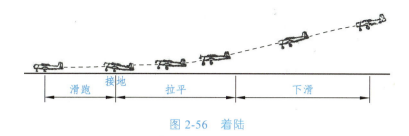

图 2-56 着陆

1）着陆的操纵原理

与起飞相反，着陆是飞机的高度逐渐降低、速度逐渐减小直至停止的运动过程。为使飞机在着陆过程中不致受到太大的冲击对结构造成损坏，操纵飞机着陆时就应控制飞机在阻力的作用下缓慢消耗掉重力势能和动能。

着陆下滑阶段之前飞机就已经对着预定着陆跑道保持下滑（有人机也叫作进近），大多数飞机直到高度降低到 50 ft 后才称为着陆下滑阶段。下滑阶段之前就应控制好速度，一般为着陆构型（起落架、襟翼等）失速速度的 1.3 倍左右。若到 50 ft 下滑速度还未控制好，就会导致后续的着陆过程偏差过大，修正困难。此阶段的操纵就是要保持好下滑状态，判断好高度，以便在预定的高度进入拉平阶段。下滑过程中，还应及时用舵保持好方向。

拉平是使飞机下滑角逐渐减小，从下滑姿态过渡到接地姿态的运动过程。到达预定高度后，柔和一致收油门并逐渐拉杆。不同的机型、不同的下滑速度，拉平的高度有所不同，小型有人机一般为 6~5 m，低速无人机则更低。拉杆和收油门的快慢，要根据飞机的运动状态及时调整，拉杆和收油门的快慢以飞机在离地 0.2 m 左右拉成接地姿势，速度不超过预定接地速度为准，飞机下沉快拉杆动作就应快些，速度大收油门动作就应快些，反之则慢一些，一般来说接地前收光油门。拉平过程中，还应及时用舵保持好方向。

前三点飞机应在离地高度 0.2 m 左右将飞机拉成两点接地姿势，随着速度减小飞机下沉，要继续柔和加大拉杆量，同时注意保持好方向。飞机下沉时，在俯仰稳定力矩的作用下机头会下俯，所以应继续拉杆才能保持两点接地姿势，同时拉杆可以控制飞机缓慢下沉，使飞机两主轮轻轻接地。后三点飞机应以三点姿势轻轻接地。

接地后的着陆滑跑，关键是减速和保持滑跑方向。前三点飞机接地后，一般应保持拉杆量让飞机两点滑跑，利用较大的气动阻力使飞机减速，待速度减小、前轮自动接地后开始使用刹车减速，直至飞机停止。后三点飞机接地后应保持住拉杆量柔和使用刹车减速，要防止刹车粗猛使飞机"拿大顶"。滑跑过程中，需用舵保持好滑跑方向。

2）着陆性能

飞机着陆性能的优劣，通常参考接地速度、着陆滑跑距离和着陆距离三个参数进行判断。

着陆中飞机接地瞬间的速度叫作接地速度，用 v_T 表示。接地速度越小，说明接地后的减速时间和滑跑距离越短，着陆性能越好。飞机接地瞬间飞机的升力等于重力，结合升力公式，可知接地速度为

$$v_T = \sqrt{\frac{2G}{c_{LT}\rho S}} \qquad\qquad (2\text{-}49)$$

从式（2-49）可知，着陆重量越大，接地速度越大；接地升力系数越大，接地速度越小。接地升力系数又和接地迎角（两点姿势的大小）、襟翼的使用状态有关，设计有襟翼的飞机，在着陆时通常放下全部襟翼以提高接地时的升力系数，减小接地速度，达到缩短滑跑距离的目的。

着陆距离是指飞机从 50 ft 下滑到接地并减速直至停止所经过的水平距离，用 l_{LD} 表示，包括着陆空中段距离和着陆滑跑距离。着陆滑跑距离是飞机从接地到停止运动所经过的距离，用 l_{LDR} 表示；空中段距离是指飞机从 50 ft 到接地所经过的水平距离，用 l_{AIR} 表示。

着陆滑跑距离是衡量飞机着陆性能的最主要的指标，该距离越短，说明飞机对机场、跑道的依赖越小，着陆性能越好。着陆滑跑距离的计算公式为

$$l_{LDR} = \frac{v_T^2}{2a_{AVG}} \tag{2-50}$$

可以看出，着陆滑跑距离与接地速度和着陆滑跑中的平均负加速度有关，接地速度越大，滑跑距离越长；平均负加速度越大，滑跑距离越短。

空中段距离越短，表示飞机着陆对净空条件的要求越低，着陆性能越好，若起飞场地周围无高大障碍，通常不太注重空中段距离。

风会影响飞机的着陆性能，逆风着陆时，飞机的接地速度（地速）小、滑跑距离和着陆距离都会缩短，飞机的着陆性能好；顺风起飞则接地速度大、滑跑距离和着陆距离都增长，飞机的着陆性能变差。在实际飞行中，应根据场地、气象和飞机性能灵活选择着陆方向。

3. 起落航线介绍

在训练中，通常采用起落航线飞行来掌握起飞和着陆的操纵技能。

起落航线是飞机起飞后，按预定的航向、高度、速度围绕跑道转弯，并在跑道上完成着陆的航线，向左做转弯的航线叫作左航线，向右转弯的航线叫作右航线，民用有人飞机多采用左航线。起落航线在地面的投影一般为矩形或梯形，由五条边和四个转弯构成，如图 2-57 所示。

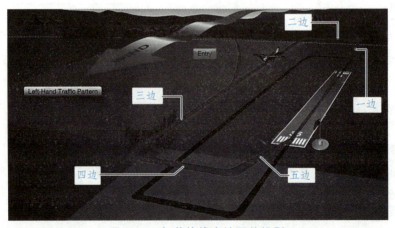

图 2-57　起落航线在地面的投影

　　飞机从跑道起飞、上升，到第一个转弯点经过的直线叫作一边（Departure 或 Up-wind），第一个转弯叫作一转弯（Cross-wind turn），一转弯后依次为二边（Cross-wind）、二转弯（Down-wind turn）、三边（Down-wind）、三转弯（Base turn）、四边（Base）、四转弯（Final turn）和五边（Final）。其中，一边和五边在同一直线上，矩形起落航线每个转弯角度都是直角，梯形起落航线一、四转弯角度小于 90°，二、三转弯角度大于 90°，即三边长度大于一边和五边的长度之和。有时在起落航线飞行中，会用较小的坡度将一二转弯合成一个转弯进行，该转弯称为一转弯，该处转弯后仍称为三边。

模块 3　直升机飞行原理

任务 1　旋翼空气动力

学习任务

（1）了解无人直升机的基本结构。

（2）掌握旋翼的相关参数和运动特点。

（3）了解旋翼拉力的产生和影响因素。

（4）了解旋翼旋转阻力和所需功率的变化规律。

（5）掌握旋翼挥舞和旋翼锥体倾斜规律。

一、无人直升机结构组成

无人驾驶直升机，是指由无线电地面遥控飞行或自主控制飞行的可垂直起降（VTOL）不载人飞行器，在构造形式上属于旋翼飞行器，在功能上属于垂直起降飞行器。无人直升机具有独特的飞行性能及使用价值。与有人直升机相比，无人直升机由于无人员伤亡的风险、体积小、造价低、生存力强等特点，在许多方面具有无法比拟的优越性。与固定翼无人机相比，无人直升机可垂直起降、空中悬停，朝任意方向飞行，其起飞着陆场地小，不必配备固定翼无人机那样复杂、大体积的发射回收系统。无人驾驶直升机按照其性能和结构特点可分为：控制与导航系统和气动结构两部分。

控制与导航系统包括地面控制站、机载姿态传感器、飞控计算机、定位与导航设备、飞行监控及显示系统等。这一部分是无人直升机系统的关键部分，也是较难实现的部分。综合无线电系统包括无线电传输与通信设备等，由机载数据终端、地面数据终端、天线、天线控制设备等组成。任务载荷设备包括光电、红外和雷达侦察设备以及电子对抗设备、通信中继设备等。

无人直升机气动结构通常是在有人直升机空气动力学的理论基础上经无人化设计发展而来，其基本组成部分与有人直升机大致相同，传统直升机空气动力学基本理论在无人直升机上仍然适用。除了少数特殊形式的无人直升机外，大多数无人直升机都由旋翼系统、机体结构、尾桨、起落装置和动力装置等五个主要部分组成。

无人直升机的旋翼系统由两片或更多片的桨叶组成，桨叶安装于旋翼中心桨毂上，在发动机驱动下，旋翼桨叶随桨毂绕中心轴旋转，从而产生提供无人直升机飞行所需的气动力和向各个方向运动的牵引力。从外观上看，无人直升机的旋翼桨叶一般具有较小的厚度和较大的柔性，从功能上可以把无人直升机旋翼桨叶看成是一个一面旋转一面前进的机翼，其作用是为无人直升机平台提供升力和向各个方向飞行的拉力。

目前，常见的无人直升机主要有单旋翼带尾桨式直升机和共轴式双旋翼直升机两种，其中最常见的是单旋翼带尾桨的直升机，其结构由主旋翼、尾桨、起落架、机身、传动装置、动力装置等构成，如图 3-1 所示。

图 3-1　单旋翼带尾桨直升机

（一）主旋翼系统

主旋翼系统是直升机最重要的操纵面，使用操纵机构控制旋翼拉力的大小和方向，实现对直升机的主要飞行操纵，由动力装置驱动。

主旋翼系统由自动倾斜器、桨叶和桨毂组成，如图 3-2 所示。自动倾斜器又被称为自动斜盘（俗称十字盘）来改变旋翼桨叶的桨距。自动倾斜器主要由变距拉杆、旋转环、不旋转环组成。

图 3-2　主旋翼系统

无人直升机使用最为普遍的旋翼结构形式是铰接式，桨叶通过水平铰、垂直铰和轴向铰与桨毂相连接。其中，水平铰又称为挥舞铰，桨叶在工作中可通过挥舞铰在垂直于桨盘的平面做上下挥舞的运动；垂直铰又称为摆振铰，桨叶可以通过摆振铰在旋转平面内做前后摆动；轴向的铰又称为变距铰，变距铰通过变距拉杆将桨叶及变距摇臂与自动倾斜器相连接，使桨叶能够绕变距轴转动而改变桨距。

（二）尾 桨

尾桨是用来平衡旋翼反扭矩和进行方向操纵的部件。尾桨产生侧向拉力，对重心形成偏转力矩，平衡主旋翼反扭矩，保持无人直升机的方向平衡。旋转着的尾桨也相当于固定翼的垂直安定面，为直升机提供方向稳定性。

（三）起落装置

在陆地上使用的直升机，起落架装置通常有轮式和滑橇式两种，主要用于在地面停放时支撑无人机的重力，承受相应载荷，以及吸收着陆时与地面撞击能量，从而保证在着陆过程中不发生地面共振。大多数无人直升机采用滑橇式起落架，少数采用轮式起落架的无人直升机还具有地面运动的能力，减少滑行时的撞击与颠簸，如图 3-3 所示。

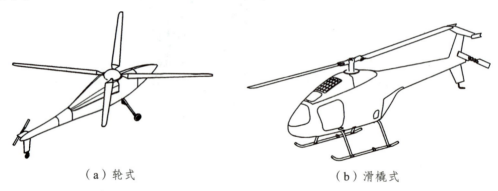

（a）轮式　　　　　　　　　　（b）滑橇式

图 3-3　起落装置

（四）动力装置

无人直升机发动机类型和型号的选择，要求能保证无人直升机具有足够的功率，以适应各种使用状态，并在设计中尽量提高功率利用效率。根据能源来源不同，其可分为油动直升机和电动直升机，油动直升机的动力装置主要是活塞式发动机，电动直升机的动力装置主要是无刷直流电机。

二、旋翼的工作状态参数

旋翼是直升机产生空气动力的主要部件，无论是克服重力的拉力，还是牵引直升机向各个方向运动的力，都依靠旋翼产生，从功能上讲，旋翼兼有固定翼的螺旋桨和机翼的双重作用。

（一）旋翼的几何参数

直升机旋翼旋转时，桨尖所画圆的直径称为旋翼直径，用 D 表示，如图 3-4 所示。

此圆的半径叫旋翼半径，用 R 表示；桨叶旋转所画的圆的面积称为桨盘面积，用 F 表示。

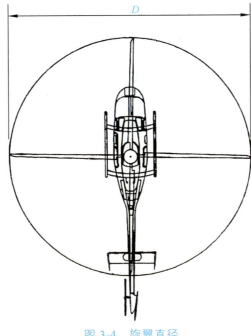

图 3-4　旋翼直径

类似固定翼的翼载荷，直升机飞行重量与桨盘面积的比值，称为桨盘载荷，用 P 表示：

$$P = \frac{G}{F} \qquad (3\text{-}1)$$

旋翼所有桨叶面积之和与桨盘面积的比值称为旋翼实度，用 σ 表示：

$$\sigma = \frac{kF_{叶}}{F} \times 100\% \qquad (3\text{-}2)$$

其中，k 为桨叶数量。

（二）旋翼的工作状态参数

旋翼旋转时，与桨毂轴垂直的旋转平面，称为桨毂旋转平面，在分析旋翼气动性能相关问题时，桨毂旋转平面是旋翼和桨叶的重要基准面，桨毂旋转平面和螺旋桨旋转平面类似。

桨叶的剖面形状和机翼翼型相似，桨叶剖面前后缘之间的连线称为桨弦，桨弦与桨毂旋转平面之间的夹角叫作该截面桨叶的安装角，用 φ 表示，如图 3-5 所示。桨叶安装角有正负之分，桨叶前缘高于后缘时，安装角为正。直升机桨叶各剖面的安装角是不同的，桨叶半径为 $0.7R$ 处的截面为桨叶的特征截面，此处的桨叶安装角称为该桨叶的桨距。旋翼所有桨叶桨距的平均值称为旋翼的总距，用 φ_{7} 表示，操纵人员通过操纵系统可改变直升机的总距。

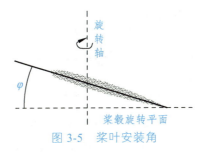

图 3-5　桨叶安装角

旋翼旋转的快慢可以用转速（n）或角速度（Ω）来描述。转速为每分钟转过的圈数，角速度是每秒转过的弧度，二者之间的关系为

$$\Omega = 2\pi \frac{n}{60} = \frac{\pi n}{30} \tag{3-3}$$

与螺旋桨类似，旋翼旋转时，流过桨叶的气流速度主要是桨叶的旋转切线速度和旋翼向下排气的诱导速度的矢量和，如果直升机有运动速度，还需要和飞行速度引起的相对气流矢量叠加。

桨叶截面相对气流和速度 w 与桨弦之间的夹角叫作桨叶迎角，用 α 表示。与机翼迎角一样，相对气流从桨弦下方吹来，迎角为正；相对气流从桨弦上方吹来，迎角为负。

相对气流和速度 w 与桨毂旋转平面之间的夹角称为来流角，用 ε 表示。相对气流从桨毂旋转平面上方吹来，来流角为正，反之为负，如图 3-6 所示。安装角、桨叶迎角、来流角三者之间的关系为

$$\alpha = \varphi - \varepsilon \tag{3-4}$$

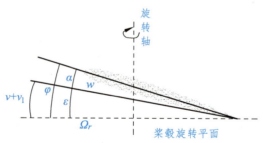

图 3-6　安装角、桨叶迎角、来流角之间的关系

来流角是影响旋翼空气动力的重要参数，当桨叶的安装角一定时，来流角的大小直接影响桨叶迎角，而桨叶迎角又直接影响到桨叶的空气动力。

三、旋翼的拉力

旋翼的拉力是支持直升机克服重力、维持空中飞行的力量，需要改变直升机状态时，操纵人员也是通过改变拉力的大小和方向实现的。

（一）旋翼拉力的产生

1. 旋翼拉力与诱导速度

旋翼桨叶类似固定翼飞机的机翼，其产生拉力的原因也与机翼产生升力的原因基

本相同。从旋翼上选取长度为 Δr 的桨叶微段，桨叶弦长为 b，旋翼旋转中相对气流 w 以一定迎角流过这段桨叶，如图 3-7 所示。参照机翼升力公式，这段桨叶上的升力为

$$\Delta L = \frac{1}{2}\rho w^2 C_{\text{L}} b \cdot \Delta r \tag{3-5}$$

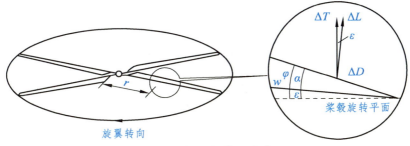

旋翼转向

图 3-7　旋翼拉力的产生

直升机需要旋翼产生拉力来克服重力和实施操控，因此将此桨叶微段的升力在旋转轴上的分力（ΔT）才是有实际意义的拉力，升力的方向垂直于相对气流 w，二者之间的关系为

$$\Delta T = \Delta L \cdot \cos\varepsilon \tag{3-6}$$

通常来流角不大，$\cos\varepsilon \approx 1$，可以近似认为各段桨叶的拉力和升力相等。各段桨叶拉力的总和就是该桨叶的拉力（$T_{\text{叶}}$），所有桨叶拉力之和就是旋翼的总拉力（T）。

$$T = K \cdot T_{\text{叶}} \tag{3-7}$$

其中，K 为旋翼桨叶的数量。

各段桨叶产生的升力大小并不完全相同。越靠近桨尖，桨叶剖面的相对气流速度越快，升力也就越大，但因为桨叶从桨根到桨尖有一定的负扭转，加上桨尖部分受到桨尖涡（类似机翼的翼尖涡）的影响，桨尖的拉力有所减小，在桨尖内侧一定距离时拉力才是最大，桨叶拉力分布如图 3-8 所示。

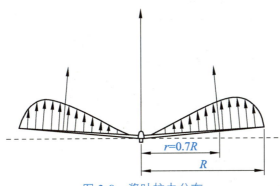

图 3-8　桨叶拉力分布

旋翼旋转时桨叶产生拉力和机翼产生升力一样，因此桨叶上表面相对气流速度加快、压力减小，即旋翼桨盘上表面是低压区；桨叶下表面相对气流速度减慢，压力增大，即旋翼桨盘下表面是高压区。旋翼产生的拉力也就是桨盘上下表面的压力差之和，如图 3-9 所示。

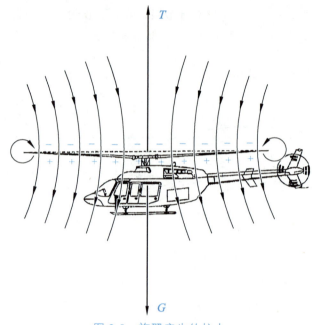

图 3-9　旋翼产生的拉力

旋翼拉力产生的原理，还可用牛顿第三定律（作用力与反作用力定律）来解释：旋翼旋转对空气施加向下的力，推动空气加速向下流动，空气就会给旋翼大小相等、方向相反的反作用力，这就是旋翼的拉力。

2. 诱导速度

旋翼工作时，桨盘上表面压力小，就会将周围的空气吸入上表盘，通过桨叶的作用后加速向下流动，空气向下流动所增加的速度称为诱导速度，用 v 表示。直升机相对气流速度（飞行速度）与滑流的矢量和称为滑流，其速度用 $v_滑$ 表示。

图 3-10 所示为直升机垂直上升中的诱导速度和滑流。从图中可以看出，滑流里各截面的诱导速度并不相同，桨盘上方越远的地方诱导速度越小，桨盘下方一定范围内诱导速度较大。即使在同一平面内，沿桨叶展向诱导速度也有所不同。悬停和垂直升降时，分析滑流还比较简单，如果直升机有前飞速度，滑流情况就更复杂，不同方位的诱导速度也不一样。桨盘上的诱导速度会影响桨叶的来流角，从而影响桨叶迎角的大小，影响桨叶的气动性能。在分析旋翼的空气动力特性时，通常将桨盘平面内的诱导速度平均值（v_1）看作是旋翼的诱导速度。

理论和实验研究得出旋翼拉力和诱导速度的关系为

$$v_1 = \frac{T}{2\rho v_{滑1} A_1} = \frac{T}{2\rho v_{滑1} \pi R^2} \qquad (3\text{-}8)$$

其中，$v_{滑1}$ 为桨盘平面处的滑流速度。

从公式可以看出：

（1）旋翼拉力越大，诱导速度越大。旋翼拉力越大，就是旋翼对空气的作用力越大，故诱导速度就大。

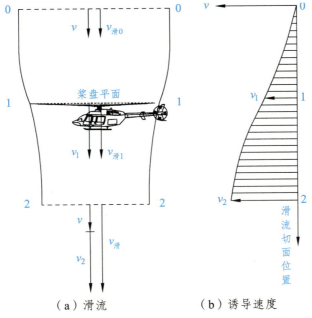

（a）滑流　　　　（b）诱导速度

图 3-10　直升机垂直上升中的诱导速度和滑流

（2）空气密度越小，诱导速度越大。即飞行高度越高、气温越高，诱导速度就越大。因为空气密度小，单位时间流过桨盘的空气质量减少，旋翼对空气的作用力（拉力）不变的情况下，诱导速度必然增大。

（3）飞行速度越大，诱导速度越小。飞行速度增大，$v_{滑1}$ 也会增大，同样时间流过桨盘的空气流量增多，致使诱导速度减小。如直升机在悬停状态下，飞行速度为零，诱导速度比前飞时大得多。

（二）旋翼拉力的影响因素

与固定翼飞机升力公式相似，旋翼的拉力公式为

$$T = \frac{1}{2}\rho(\Omega R)^2 c_{\mathrm{T}}(\pi R^2) \tag{3-9}$$

式中，c_{T} 为拉力系数，R 为旋翼半径，Ω 为旋翼旋转角速度，ΩR 为桨尖速度，πR^2 为桨盘面积。其中，拉力系数 c_{T} 和升力系数一样，是实验测得的无因次值，它综合反映了桨叶剖面形状、桨叶迎角和旋翼实度对拉力的影响。

从拉力公式可看出，影响旋翼拉力的因素主要有旋翼转速、空气密度、旋翼迎角、旋翼半径和旋翼实度。

旋翼转速越大，拉力越大。转速增大，流过桨叶的相对气流速度就增大。

空气密度越大，拉力越大。随着飞行高度或气温增加，空气密度会减小，相应的拉力就会减小。

迎角对拉力的影响和固定翼迎角对升力的影响相同。但旋翼各剖面的迎角并不完全相同，通常将桨叶特征截面的迎角作为桨叶的迎角。

旋翼实度越大，拉力越大。旋翼实度大，说明单片桨叶的面积大或旋翼包含的桨叶数量多。

旋翼半径越大，拉力越大。半径大，一方面会使桨叶面积增大、拉力增大，另一方面会使桨尖圆周速度增大、拉力增大。旋翼拉力大小与半径的 4 次方成正比。

实际操控中，对于一架具体的直升机来说，飞行中旋翼转速不变，旋翼实度和半径是固定的，操纵人员通常是通过改变桨叶迎角来改变拉力大小，具体操纵是通过改变总距达到改变桨叶迎角的目的。

（三）旋翼锥体和拉力方向

旋翼不旋转时，桨叶在自身重力的作用下会下垂，如图 3-11（a）所示；旋翼旋转时，产生向上的拉力（T）和惯性离心力（$F_{离心}$），拉力的作用会使桨叶上扬，惯性离心力的作用力图让桨叶在桨毂旋转平面内转动，如图 3-11（b）所示。在悬停或垂直上升、下降状态，这三个力矩综合作用的结果，使桨叶向桨毂旋转平面上方扬起一定角度，旋翼形成一个倒立的圆锥，称为旋翼锥体，桨叶扬起高出桨毂旋转平面的角度叫锥角。

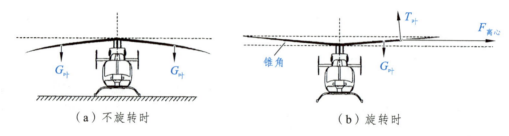

（a）不旋转时　　　　　　　　（b）旋转时

图 3-11　旋翼的受力

由于旋转中的桨叶是向上倾斜的，每片桨叶的拉力都会向旋翼锥体内侧倾斜，倾斜的拉力可以分解为与桨盘（桨尖旋转平面）平行的分力 $T_{平}$ 和与桨盘垂直的分力 $T_{垂}$，各片桨叶的平行分力互相平衡，垂直分力与旋翼锥体的锥轴方向一致，各桨叶垂直分力之和就是旋翼的拉力 T，如图 3-12 所示。

在垂直飞行状态（悬停或垂直上升、下降），桨盘与桨毂旋转平面平行，旋翼锥体的锥轴与旋转轴方向一致，如图 3-12（a）所示。在其他飞行状态（前飞、侧飞、倒飞），旋翼锥体向直升机的运动方向倾斜，锥轴有一定的倾角，拉力也就跟着向同一方向倾斜，如图 3-12（b）所示。

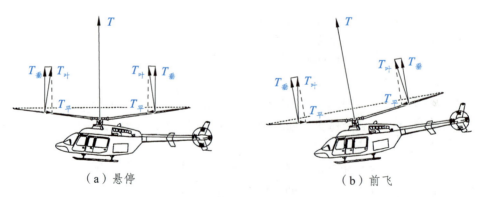

（a）悬停　　　　　　　　（b）前飞

图 3-12　旋转中桨叶的受力

关于旋翼拉力的小结：

（1）拉力的方向与旋翼锥体的锥轴方向一致，即垂直于桨盘。

（2）直升机是利用旋翼旋转产生拉力，即使飞行速度为零，只要旋翼处于正常工作状态，就能产生克服全机重力的拉力。所以和固定翼飞机不同，直升机不仅可以飞得很慢，还可以悬停和垂直升降。

（3）只要旋翼拉力大于重力，直升机就能离地并上升；拉力小于重力，直升机就会降低高度直至着陆。

（4）要让直升机向预定方向运动，只需操纵旋翼锥体向预定方向倾斜，使拉力也向该方向倾斜，直升机就会获得向预定方向运动的分力。

为了便于飞行，我们约定：拉力的第一分力 T_1 在铅垂面内并垂直于飞行方向，起支托直升机空中飞行的作用；拉力的第二分力 T_2 与飞行方向平行，起直升机向预定方向运动的动力作用；拉力的第三分力 T_3 在水平面内并垂直于飞行方向，平衡尾桨的拉力，如图 3-13 所示。

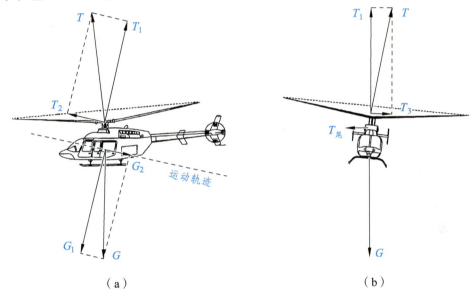

图 3-13　拉力的三个分量

四、旋翼的旋转阻力

前面分析旋翼产生拉力时，桨叶微段的升力在旋翼转轴方向的分力起拉力作用，在旋转平面内的分力起阻力作用，如图 3-7 所示。与螺旋桨一样，旋翼的桨叶也是对称的，各片桨叶的阻力互相抵消，对直升机不起阻碍作用，但各片桨叶的阻力对转轴会形成阻转力矩，起阻碍旋翼转动的作用，叫作旋转阻力，用 Q 表示。旋转阻力与桨毂旋转平面平行，与旋转方向相反。

（一）旋转阻力的种类

按产生的原因不同，旋翼的旋转阻力可分为翼型旋转阻力、诱导旋转阻力、上升旋转阻力和废阻旋转阻力。

1. 翼型旋转阻力

桨叶旋转过程中，空气以相对气流合速度 w 流过桨叶，与飞行中的机翼一样，桨叶也会产生摩擦阻力、压差阻力，以及相当于机翼的诱导阻力，就是桨叶的空气阻力，方向与相对气流和速度平行，桨叶空气阻力在桨毂旋转平面上的分力，就是翼型旋转阻力，用 $Q_型$ 表示，如图 3-14 所示。

2. 诱导旋转阻力

旋翼旋转产生拉力时，会在桨毂旋转平面内产生向下的诱导速度 v_1，诱导速度会使来流角增大一个角度 ε_1，见图 3-15。这会使相对气流合速度偏离桨毂旋转平面，桨叶产生的升力向后缘倾斜，由此额外分解出来的阻力叫诱导旋转阻力，用 $Q_诱$ 表示。

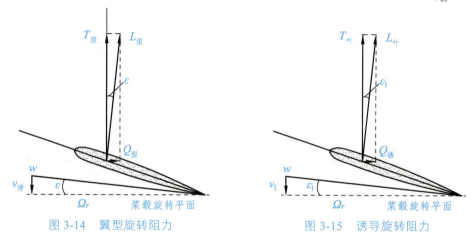

图 3-14　翼型旋转阻力　　　　　图 3-15　诱导旋转阻力

3. 上升旋转阻力

直升机以上升率 v_y 上升时，上升引起的相对气流以速度 v_y 流向旋翼，此速度与诱导速度方向相同，和诱导速度一样会引起桨叶切面相对气流合速度 w 更加偏离桨毂旋转平面，致使桨叶升力向后倾斜的角度增大 ε_2，分解出来的旋转阻力增大，由于上升额外增大的旋转阻力叫上升旋转阻力，用 $Q_升$ 表示，如图 3-16 所示。

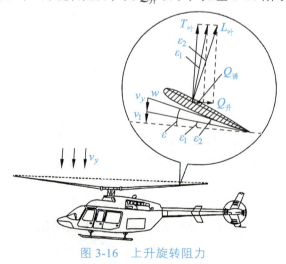

图 3-16　上升旋转阻力

4. 废阻旋转阻力

直升机以一定的速度向前飞行，机身、起落架等都会产生一定的空气阻力，为克服此阻力，旋翼锥体必须相应向飞行方向倾斜一定角度，与飞行速度 v 方向相反的相对气流流向倾斜的旋翼锥体。此速度会在旋翼锥体轴线方向有个分速 $v_{垂}$，其方向也与诱导速度相同，也会引起桨叶切面相对气流合速度 w 更加偏离桨毂旋转平面，致使桨叶升力向后倾斜的角度增大 ε_3，分解出来的旋转阻力增大。由于克服机身、起落架等的空气阻力而额外增加的旋转阻力，称为废阻旋转阻力，用 $Q_{废}$ 表示，如图 3-17 所示。

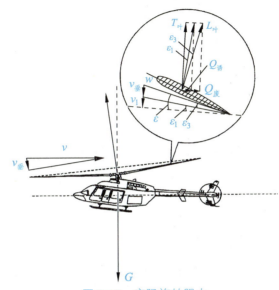

图 3-17　废阻旋转阻力

由上面的分析可知，桨叶的旋转阻力由四部分构成，即

$$Q_{叶} = Q_{型} + Q_{诱} + Q_{升} + Q_{废} \tag{3-10}$$

其中，除第一项 $Q_{型}$ 是桨叶的空气阻力在桨毂旋转平面上的分力形成的，其余三项都是由相应的原因引起桨叶升力向后倾斜程度增大而形成的。

（二）旋翼的所需功率

旋翼旋转时，旋转阻力对桨轴形成阻转力矩阻碍旋翼旋转。为了使旋翼能稳定工作，需要发动机通过转轴输出扭转力矩来克服阻转力矩，发动机就会因此消耗一定功率。

1. 旋翼所需功率的构成

旋翼桨叶旋转阻力对转轴形成的力矩叫作桨叶的旋转阻力力矩，用 $M_{叶}$ 表示：

$$M_{叶} = Q_{叶} \cdot l \tag{3-11}$$

$M_{叶}$ 是一片桨叶的旋转阻力力矩，旋翼的旋转阻力矩 $M_{旋翼}$ 是各片桨叶旋转阻力力矩之和，如图 3-18 所示，即

$$M_{旋翼} = K \cdot M_{叶} = K \cdot Q_{叶} \cdot l \qquad\qquad (3\text{-}12)$$

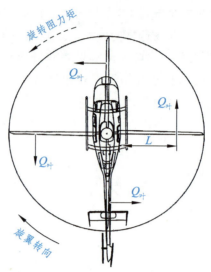

图 3-18　旋翼的旋转阻力矩

旋翼在旋转中为了克服阻转力矩所需的功率叫作旋翼所需功率，用 $N_{需}$ 表示，大小为

$$N_{需} = \frac{M_{旋翼}}{75} \cdot \Omega = \frac{K \cdot l}{75} \cdot Q_{叶} \cdot \Omega \qquad\qquad (3\text{-}13)$$

由式（3-13）可知，旋翼所需功率在转速不变的条件下，只由桨叶的旋转阻力决定，而旋转阻力由翼型旋转阻力、诱导旋转阻力、上升旋转阻力和废阻旋转阻力构成，因此旋翼所需功率也可以分为克服相应旋转阻力的翼型阻力功率（ $N_{型}$ ）、诱导阻力功率（ $N_{诱}$ ）、上升阻力功率（ $N_{升}$ ）和废阻力功率（ $N_{废}$ ）：

$$N_{需} = N_{型} + N_{诱} + N_{升} + N_{废} \qquad\qquad (3\text{-}14)$$

直升机在不同的飞行状态，某些所需功率可能为零，即并不是所有飞行状态旋翼所需功率都由以上四项构成，没有飞行速度时废阻力功率就为零，不上升时上升阻力功率也为零，下降时上升阻力功率还为负值，如悬停时就没有 $N_{升}$ 和 $N_{废}$ ，平飞时没有 $N_{升}$ 。

但是不能以所需功率项数的多少来衡量旋翼所需功率的大小，不同的飞行状态下各项所需功率的大小是不一样的。如悬停时诱导速度较大， $N_{诱}$ 就较大，随飞行速度增大，诱导速度减小，诱导阻力功率也减小，在有一定的飞行速度后，尽管所需功率多了 $N_{废}$ 这一项，但总的所需功率却减小了。

2. 影响旋翼所需功率的因素

从公式可看出，旋翼所需功率取决于旋转阻力，因此影响旋转阻力的因素都会影响旋翼所需功率，这些因素主要包括：

1）飞行重量

飞行重量增加，就需要旋翼产生更大的拉力才能克服重力，诱导速度会增大，诱导旋转阻力和诱导阻力功率也会增大，导致旋翼所需功率增大。

2）垂直飞行

垂直飞行包括垂直上升和垂直下降。在垂直上升时，由上升引起的相对气流方向与诱导速度方向一致，造成来流角增大，桨叶升力更向后缘倾斜，使旋转阻力增大，即上升旋转阻力，所需功率也相应增大。垂直下降则相反，下降引起的相对气流和诱导速度方向相反，会使来流角减小，桨叶的升力更向前缘倾斜，使旋转阻力减小，所需功率也相应减小，即 $N_升$ 为负值。

3）飞行速度

平飞时，旋翼所需功率由三部分组成，即

$$N_需 = N_型 + N_诱 + N_废 \qquad\qquad (3-15)$$

随飞行速度增大，前行桨叶相对气流速度增大，使翼型旋转阻力增大，后行桨叶相对气流速度减小，使翼型旋转阻力减小。综合来看，翼型旋转阻力会增大，但增大不多，可以认为 $N_型$ 基本不变。

随飞行速度增大，机身、起落架等产生的阻力增大，会导致 $N_废$ 随之增大。

随飞行速度增大，旋翼的诱导速度减小，诱导旋转阻力相应减小，使 $N_诱$ 减小。

综合几项功率变化规律，在一定的速度（经济速度）以下，随飞行速度增大，旋翼所需功率减小，超过这个速度，随飞行速度增大，旋翼所需功率增大。

4）空气密度

空气密度增大，翼型旋转阻力和废阻旋转阻力都有所增加，故 $N_型$ 和 $N_废$ 也相应增加；但空气密度增大，获得同样拉力的诱导旋转阻力减小， $N_诱$ 相应减小。同理，空气密度减小， $N_型$ 和 $N_废$ 有所减小，但 $N_诱$ 有所增加。

5）桨叶变形

在使用中，旋翼可能出现桨叶变形、表面划伤、脱漆等现象，都会使旋翼的翼型旋转阻力增大， $N_型$ 增大，甚至还可能引起直升机振动。

五、桨叶的挥舞运动

直升机向前飞行时，旋翼既旋转又随着直升机前进，会造成旋翼周向气流不对称，使旋翼出现挥舞、摆振等现象。

（一）前飞时旋翼相对气流不对称

1. 旋翼相对气流不对称的原因

对旋翼桨叶位置，从直升机上方俯视，以桨叶在机尾方向为 0°方位，顺着旋翼旋转方向一圈为 360°，以顺时针旋转的旋翼为例，左侧为 90°方位、机头方向为 180°方位、右侧为 270°方位。

图 3-19 以桨尖截面圆周速度为 200 m/s 为例，显示了悬停状态和以 50 m/s 的速度前飞状态的周向气流情况。

直升机在无风情况下悬停或垂直升降，旋翼转到不同方位，桨叶各截面的周向气流都没变化，为该截面的圆周速度，如图 3-19（a）所示。但直升机在前飞、后退和侧飞等状态时，只要和空气有相对运动，旋翼各桨叶的周向气流就会出现不对称现象。

前飞时，流过桨叶的气流是前飞的相对气流速度和桨叶旋转所产生的相对气流的矢量和，桨叶在不同方位旋转产生的相对气流方向不同，而前飞引起的相对气流方向是一致的，因此不同方位流过桨叶的气流就不同了，这种桨叶周向相对气流速度不对称的现象叫作旋翼相对气流的不对称性。

如图 3-19（b）所示，旋翼旋转产生的相对气流在桨尖截面为 200 m/s，飞行速度为 50 m/s。桨尖截面气流速度在 0°和 180°方位不受前飞速度影响，为 200 m/s；在 0°～180°方位，桨尖气流速度都会大于 200 m/s，在 90°方位最大，为 250 m/s，桨叶在此阶段称为前行桨叶；在 180°～360°方位，桨尖气流速度都会小于 200 m/s，在 270°方位最小，为 150 m/s，桨叶在此阶段称为后行桨叶。

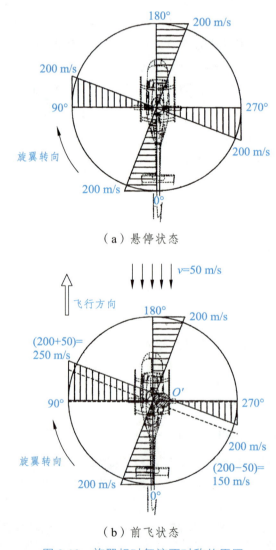

（a）悬停状态

（b）前飞状态

图 3-19　旋翼相对气流不对称的原因

2. 返流区的成因及影响因素

旋翼旋转时，桨叶以相同的角速度旋转，不同截面由于旋转引起的相对气流速度大小不同，越靠近桨尖速度越大，越靠近桨根速度越小。对于后行桨叶来说，在桨根附近一定区域内，会出现旋转切向速度小于飞行速度的区域，在这区域内，桨叶的相对气流是从桨叶后缘流向前缘。从桨叶后缘向前缘流动的气流称为返流，存在返流的区域称为返流区。

根据桨叶的设计特点，相对气流从桨叶前缘流向后缘（即正流），也会产生拉力，但在返流区内，流过桨叶的气流速度是反向的，所以产生的拉力也会是向下的负拉力，这种现象是客观存在的。当返流区不超过允许范围时，影响不大，若超过一定范围，会使桨叶的空气动力发生显著的周期性变化，引起振动甚至危及飞行安全。

返流区的大小与旋翼转速和飞行速度有关。旋翼转速越大，由于旋转引起的相对气流速度越大，返流区就会缩小；飞行速度越大，返流区就会扩大。通常直升机在飞行中，旋翼转速不变，因此返流区只随飞行速度的变化而变化。当飞行速度较小时，返流区很小，甚至只在没有桨叶的桨毂部分，对飞行没有明显影响。当速度增大，返流区随之扩大，当在加速过程中出现明显的振动时，意味着返流区扩大到影响飞行的地步了，应立即减小速度或增大旋翼转速，恢复正常。

（二）旋翼桨叶的挥舞和旋翼锥体倾斜

直升机前飞时，前行桨叶的相对气流速度大，拉力大；后行桨叶的相对气流速度小，拉力小。旋翼的拉力不平衡会对重心形成力矩，使直升机向旋翼 270° 方位一侧倾斜，如图 3-20 所示。

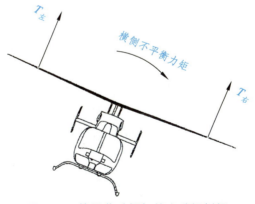

图 3-20　旋翼桨叶挥舞使直升机侧倾

1. 桨叶的自然挥舞

为消除横侧不平衡力矩，直升机在桨叶和桨毂之间采用了水平铰结构，通过水平铰，桨叶可以一边旋转一边上下挥舞，因此水平铰也称为挥舞铰。挥舞铰使拉力对转轴的力矩不会传递到桨轴，也就消除了不平衡力矩。

有了挥舞铰，在前飞时，前行桨叶的相对气流速度大，拉力大，桨叶就会绕挥舞铰向上挥舞，桨叶上挥时，产生自上而下的相对气流，使桨叶迎角减小、拉力减小；

后行桨叶的相对气流速度小，拉力小，桨叶就会绕挥舞铰向下挥舞，桨叶下挥时，产生自下而上的相对气流，使桨叶迎角增大、拉力增大，如图 3-21 所示。这样就基本消除了前行桨叶和后行桨叶的拉力不对称，也就消除了横侧不平衡力矩。

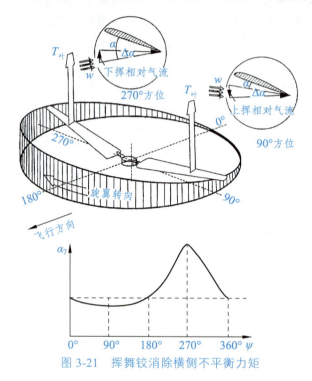

图 3-21　挥舞铰消除横侧不平衡力矩

通常把非操纵引起的桨叶挥舞运动，叫作桨叶的自然挥舞。

2. 旋翼锥体的倾斜

桨叶的自然挥舞，在 0°～90°方位，相对气流速度逐渐增大，拉力也逐渐增大，桨叶向上挥舞的速度也逐渐增大；在 90°方位，桨叶的相对气流速度最大，拉力最大，桨叶向上挥舞的速度最大，但此时桨叶并没挥舞到最高处；在 90°～180°方位，桨叶相对气流速度的增量逐渐减小，拉力增量逐渐减小，上挥速度逐渐减小，但桨叶仍在继续上挥，在 180°方位上挥到最高点。即桨叶上挥最快和上挥最高不在同一方位，相差 90°。

同理，在 180°～270°方位，相对气流速度逐渐减小，拉力也逐渐减小，桨叶下挥并且下挥速度逐渐增大；在 270°方位，桨叶的相对气流速度最小，拉力最小，桨叶下挥速度最大，但此时桨叶并没挥舞到最低处；在 270°～360°方位，桨叶相对气流速度减小量逐渐减小，拉力减小量逐渐减小，下挥速度逐渐减小，但桨叶仍在继续下挥，在 360°方位下挥到最低点。

从上面分析可知，前飞中，由于相对气流不对称产生的挥舞，使桨叶在 180°方位挥舞到最高位置，0°（360°）方位挥舞到最低位置，即旋翼锥体因挥舞向后倾斜了一个角度，如图 3-22 所示。前飞速度越大，相对气流不对称程度也越大，旋翼锥体向后倾斜的角度也就越大。

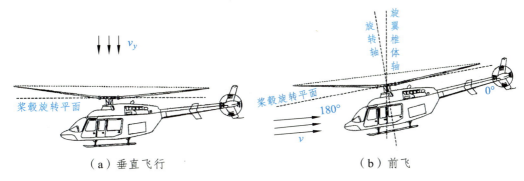

图 3-22　挥舞使旋翼锥体向后倾斜

另外，桨叶自然挥舞也会引起桨叶迎角不对称，大多直升机的操纵机构还有挥舞调节装置，都会对挥舞产生一定的影响。在综合影响下，挥舞引起的旋翼锥体并不是向正后方倾斜，而是向侧后方倾斜。

任务 2　直升机的平衡、稳定性和操纵性

学习任务

（1）掌握直升机平衡力矩特点。

（2）了解直升机稳定性和固定翼的区别。

（3）掌握直升机操纵原理。

直升机由于构造特点、飞行特性与固定翼有很大的区别，造成了直升机的平衡、稳定性和操纵性与固定翼有很大的不同。

一、直升机的平衡

直升机的平衡和固定翼一样，是指作用在直升机上的合力、合力矩为零。直升机平衡时，处于匀速直线运动或静止状态。分析直升机的平衡，也只讨论力矩平衡问题。直升机的平衡可按机体轴系三条轴分解为俯仰平衡、方向平衡和横侧平衡。

（一）直升机的机体坐标系

直升机的机体坐标系和固定翼相同，即以重心为原点，机体纵轴（Ox_t）位于直升机对称面内、过重心平行于机身轴线，向前为正；机体立轴（Oy_t）位于对称面内、与纵轴垂直，向上为正；机体横轴（Oz_t）过重心，与纵轴、立轴垂直，向右为正，如图 3-23 所示。

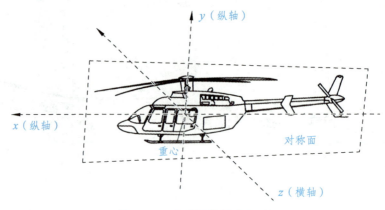

图 3-23 直升机机体坐标系

描述直升机姿态的参数（俯仰角、坡度）也与固定翼飞机相同，不再赘述。

直升机重心位置的表示方法，与固定翼飞机有较大区别，需分别描述重心的前后位置和上下位置，如图 3-24 所示。用重心到桨毂旋转轴的距离 x_T 来表示重心的前后位置，重心在桨毂旋转轴之前时 x_T 为正，反之为负，绝对值越大，说明重心离桨毂旋转轴越远；用重心到桨毂旋转面的距离 y_T 来表示重心的上下位置，重心在桨毂旋转面上方时 y_T 为正，反之为负，所有直升机的重心都在桨毂旋转面下方，故 y_T 都为负值，绝对值越大表示重心越靠下。

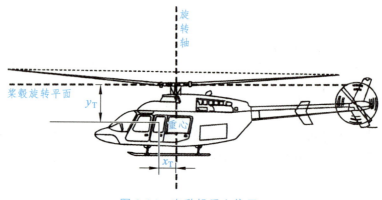

图 3-24 直升机重心位置

（二）直升机的俯仰平衡

与固定翼飞机一样，直升机的俯仰平衡是指绕横轴转动的俯仰力矩之和为零；与固定翼飞机不同的是，直升机的俯仰力矩种类不一样，主要有旋翼力矩、水平安定面力矩、机身力矩和尾桨的反作用力矩等，尾桨反作用力矩较小，通常可以忽略。

1. 旋翼俯仰力矩

几乎所有直升机旋翼产生的拉力都不通过重心，重心在拉力作用线之前，拉力将对重心形成下俯力矩，此力矩就是旋翼的俯仰力矩，用 $M_{z旋翼}$ 表示，如图 3-25 所示。该力矩的大小不但与旋翼拉力大小有关，还与拉力作用线与重心的距离有关。旋翼拉力越大、旋翼拉力作用线与重心的距离越远，产生的下俯力矩就越大。

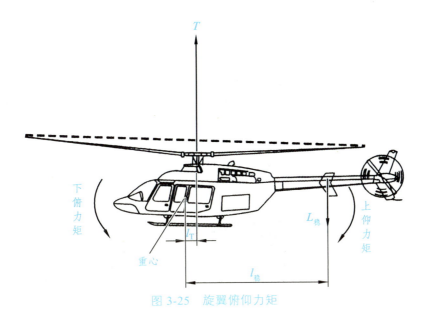

图 3-25　旋翼俯仰力矩

旋翼俯仰力矩的计算公式为

$$M_{z旋翼} = T \cdot l_T \quad (3\text{-}16)$$

其中，l_T 为旋翼拉力线到重心的距离，重心在拉力作用线之前为正。

2. 水平安定面力矩

类似固定翼飞机的平尾，直升机也设计有水平安定面，在飞行时水平安定面产生的升力（$L_稳$）对重心形成的力矩称为水平安定面力矩，也叫作水平稳定力矩，用 $M_{z稳}$ 表示。飞行中水平安定面通常是负迎角，产生的升力是向下的负升力，对重心形成上仰力矩。其大小与水平安定面产生的负升力大小和距重心的距离有关，即

$$M_{z稳} = L_稳 \cdot l_稳 \quad (3\text{-}17)$$

3. 机身力矩

机身力矩（$M_{z机身}$）是机身空气动力对重心形成的力矩，其大小和方向与机身形状和飞行状态有关。在垂直飞行状态或小速度飞行时，机身带一定仰角，机身力矩通常为上仰力矩；大速度飞行时，机身带一定俯角，机身力矩为下俯力矩。

4. 俯仰平衡条件

保持俯仰平衡的条件是俯仰力矩之和为零，即

$$\sum M_z = 0 \quad (3\text{-}18)$$

（三）直升机的方向平衡

直升机的方向平衡是指直升机绕立轴的偏转力矩之和为零，取得方向力矩平衡时，直升机不绕立轴转动或绕立轴匀速转动。直升机的方向力矩主要有旋翼的反作用力矩和尾桨的偏转力矩。

1. 旋翼反作用力矩

和螺旋桨反作用力矩一样，直升机的发动机带动旋翼旋转，旋翼也会通过转轴传递给机身一个大小相等、方向相反的反作用力矩，使直升机向旋翼旋转的反方向偏转，这个力矩就是旋翼反作用力矩，用 M_k 表示，如图 3-26 所示。旋翼反作用力矩与旋翼转速的所需功率有关，转速一定时，所需功率越大，反作用力矩越大。

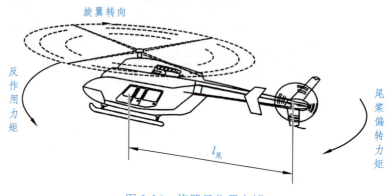

图 3-26　旋翼反作用力矩

2. 尾桨偏转力矩

单旋翼直升机都带有尾桨，尾桨拉力对重心形成的偏转力矩叫作尾桨偏转力矩，用 $M_{y尾}$ 表示。尾桨偏转力矩与尾桨拉力大小和距重心的距离有关，对具体的直升机来说，拉力距重心的距离是确定的，拉力越大偏转力矩也就越大。单旋翼直升机通过尾桨偏转力矩来平衡旋翼反作用力矩，通过改变尾桨拉力、改变尾桨偏转力矩来实施方向操纵。

3. 方向平衡条件

保持方向平衡的条件是偏转力矩之和为零，即

$$\sum M_y = 0 \qquad\qquad (3\text{-}19)$$

（四）直升机的横侧平衡

直升机的横侧平衡是指直升机绕纵轴的滚转力矩之和为零，取得横侧力矩平衡时，直升机不绕纵轴转动。直升机的横侧力矩主要有旋翼拉力产生的滚转力矩和尾桨拉力产生的滚转力矩。

1. 旋翼拉力产生的滚转力矩

飞行中，当操纵人员压杆时，旋翼锥体会向压杆方向倾斜，旋翼拉力也随之倾斜，拉力倾斜后的分力 T_1 和 T_3 会对直升机纵轴形成滚转力矩（ $M_{x旋翼}$ ），如图 3-27 所示。如旋翼锥体右倾时，由于 T_1 不经过重心，会对纵轴形成向左滚转的力矩，而 T_3 会形成向右滚转的力矩，最终直升机的滚转方向，取决于二者的矢量和。

旋翼锥体左倾时则相反。

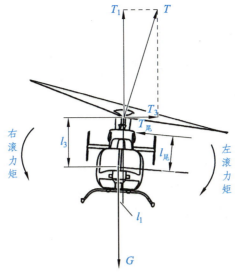

图 3-27　旋翼拉力产生的滚转力矩

2.尾桨拉力产生的滚转力矩

一般情况下，直升机尾桨桨轴比重心位置高，尾桨拉力除了对重心形成偏转力矩外，还会形成滚转力矩（$M_{x尾}$）。

3.横侧平衡条件

保持横侧平衡的条件是滚转力矩之和为零，即

$$\sum M_x = 0 \qquad\qquad (3\text{-}20)$$

（五）重心对平衡的影响

直升机重心位置前后移动时，对平衡有明显的影响。当重心位置后移时，旋翼拉力距重心的距离（l_T）缩短，导致旋翼拉力产生的下俯力矩减小；水平安定面距重心的距离（$l_稳$）也缩短相同的距离，导致水平安定面产生的上仰力矩也减小。但由于l_T远小于$l_稳$，下俯力矩的减小比例大于上仰力矩的减小比例，因此直升机会上仰。反之，重心前移，直升机将会下俯。

重心位置左右移动会对直升机的横侧平衡带来影响，但除了装载时出现了明显的不平衡，直升机重心的左右移动一般不会过大。

二、直升机的稳定性

和固定翼飞机一样，直升机的稳定性也可以沿三条轴分解为俯仰稳定性、方向稳定性和横侧稳定性。

（一）俯仰稳定性

直升机在飞行中受到微小扰动偏离俯仰平衡状态，当扰动消失后，如果能自动恢复到原俯仰平衡状态，此直升机就具有俯仰稳定性。

直升机的俯仰稳定力矩主要靠水平安定面产生，原理和固定翼一样。当直升机受扰上仰时，水平安定面和机身一起上仰，迎角增大，产生向上的附加升力（$\Delta L_\text{稳}$），对重心形成下俯的稳定力矩，使直升机有恢复原俯仰平衡的趋势，如图 3-28 所示。

图 3-28　俯仰稳定性

直升机的俯仰阻尼力矩产生原因却和固定翼飞机不同，它主要靠旋翼产生。高速旋转的旋翼具有陀螺的定轴性，当直升机上仰时，定轴性使旋翼锥体力图保持原来的方向，重心相对于锥体轴线前移，使拉力作用线和重心间的距离增大，拉力产生的下俯力矩增大，阻止机头上仰。同理，机头下俯时，拉力产生的下俯力矩减小，阻止机头下俯，如图 3-29 所示。

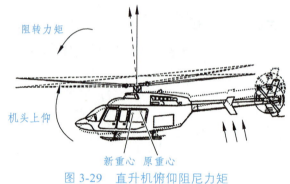

图 3-29　直升机俯仰阻尼力矩

俯仰转动中，机身、水平安定面也能产生一定的俯仰阻尼力矩。

（二）方向稳定性

直升机在飞行中受到微小扰动偏离方向平衡状态，当扰动消失后，如果能自动恢复到原方向平衡状态，此直升机就具有方向稳定性。

直升机的方向稳定力矩主要由尾桨产生，其原理和固定翼垂尾产生方向稳定力矩相同。飞行中出现侧滑时，如右侧滑，相对气流从直升机右侧吹向尾桨旋转面，尾桨产生向左的附加拉力（$\Delta T_\text{尾}$），对重心形成使机头右偏、力图消除侧滑的方向稳定力矩。

直升机的方向阻尼力矩主要也由尾桨产生，其原理与固定翼相同。

（三）横侧稳定性

与固定翼不同，直升机不具有横侧稳定性，受扰横侧平衡被破坏后，必须通过操纵才能恢复横侧平衡。但直升机在横侧平衡被破坏后的滚转中，旋翼拉力和尾桨都能产生较大的横侧阻尼力矩，产生原理和俯仰阻尼力矩一样。较大的阻尼力矩使直升机偏离横侧平衡状态很慢，操纵人员完全来得及修正，直升机的横侧平衡还是容易保持的。

在无风的垂直飞行状态（悬停、垂直上升和下降），由于飞行速度为零，水平安定面和尾桨都不具备安生稳定力矩的条件，因此直升机除了不具备横侧稳定性外，还不再有俯仰稳定性和方向稳定性。不过由于直升机阻尼较大，只要操纵人员能及时修正，保持平衡还是比较容易的。

三、直升机的操纵性

单从操纵人员实施操控的模式来看，无人直升机和无人固定翼飞机的操纵都使用了同样的遥控器，操纵动作几乎相同，但接收机在接收到操纵指令后，飞控经过运算后给出的指令和实施的具体过程却完全不同。固定翼是操纵通过舵面偏转和发动机拉力大小来改变飞机的状态，直升机是通过自动斜盘（通常简称"斜盘"或"十字盘"）使旋翼锥体向预定方向倾斜，改变拉力的大小和方向来改变飞行状态的。

（一）自动斜盘工作原理

1. 自动斜盘

自动斜盘是直升机的主要操纵机构，如图 3-30 所示。通过自动斜盘的运动，可以改变旋翼总距和操纵桨叶角周期性变化，来改变旋翼拉力的大小和方向。

自动斜盘由内环和外环组成，两者之间由轴承相连。

图 3-30　自动斜盘

外环通过万向接头固定在旋翼转轴外的滑筒上，旋翼旋转时，滑筒与外环都不转动，滑筒可以和外环一起上下移动。内环通过拨杆与桨毂连接，并在拨杆的带动下随桨毂一起转动，内环上通过变距连杆与桨叶的变距摇臂相连。

操纵人员通过油门摇杆实施变大距的操纵时（操纵人员习惯叫"加油门"），滑筒和外环一起带动内环向上运动，通过内环带动变距摇臂同步增大桨叶的安装角，即增大总距。操纵人员通过方向摇杆（下文按习惯称为"操纵杆"）操纵时，外环上下位置不变，但向相应方向倾斜并带动内环倾斜，变距连杆随着内环的倾斜带动桨叶变距摇臂周期性地改变桨叶安装角，即桨叶旋转到某个方位时安装角最大，而在相对的方位安装角最小。

2. 桨叶周期变距和旋翼锥体倾斜

从旋翼桨叶的自然挥舞规律可知：桨叶从最低点开始逐渐上挥，在转过 90°方位时上挥最快，转过 180°方位时上挥最高，然后逐渐下挥；转过 270°方位时下挥最快，转过 360°方位时下挥到最低点。

而操纵操纵杆时，就是通过斜盘的倾斜周期性改变桨叶安装角，利用桨叶挥舞运动的规律，使之按飞行需要挥舞，使旋翼锥体和拉力随操纵杆的倾斜而倾斜。

如图 3-31 所示，向正前方（180°方位）推操纵杆，飞控经运算后通过传动机构使斜盘向 90°方位倾斜，即 90°方位最低、270°方位最高。内环上的变距摇臂带动桨叶改变安装角，90°方位安装角最小、270°方位安装角最大，即在 90°~180°~270°方位，安装角逐渐增大，在 270°~0°~90°方位，安装角逐渐减小。90°方位安装角最小，产生的拉力最小，桨叶下挥速度最快，在转过 90°后的 180°方位下挥到最低位置；270°

方位安装角最大，产生的拉力最大，桨叶上挥速度最快，在转过270°方位的360°方位上挥到最高位置。即因为向前推杆，桨叶在 0°～90°～180°方位逐渐下挥，在 180°～270°～0°方位逐渐上挥，旋翼锥体向180°方位倾斜，拉力也就向该方位倾斜。

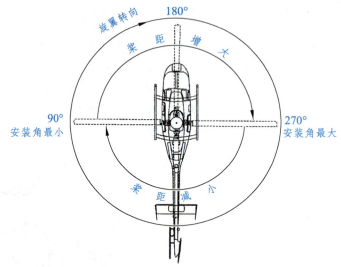

图 3-31　向正前方推操纵杆时，桨距和安装角的变化

同理，操纵操纵杆向其他方位倾斜，旋翼锥体和拉力方向也就向与摇杆倾斜方向相同的方位倾斜，即操纵杆指向哪儿，旋翼锥体就向哪儿倾斜。

（二）直升机操纵基本原理

1. 操纵油门摇杆

通过"加油门""收油门"，使桨叶同步变距改变拉力的大小，操纵直升机上升、下降或保持高度。

无人直升机在调试时，需要设定转速，根据需要将转速固定在一个或几个值，飞行时旋翼转速保持不变，操纵油门摇杆"加油门"或"收油门"时，与有人直升机的上提总距杆或下放总距杆效果相同。"加油门"时，自动斜盘的滑筒和内外环向上移动，旋翼总距增大、拉力增大；"收油门"时，自动斜盘的滑筒和内外环向下移动，旋翼总距减小、拉力减小。

以直升机垂直飞行为例，直升机在地面、旋翼处于稳定工作状态后，操纵人员前推油门摇杆，直升机拉力增加，当拉力大于直升机重力时，直升机就会离地上升，拉力越大，上升率越大；到达预定高度，适当"收油门"减小拉力，使之等于重力时，直升机就保持高度不变，处于悬停状态；继续"收油门"，使拉力小于重力时，就会下降，拉力越小，下降率越大。

2. 操纵操纵杆

操纵操纵杆时，系统通过改变斜盘的倾斜方向，使旋翼锥体向摇杆倾斜的方向倾斜，拉力也就向该方向倾斜。

以处于悬停状态的直升机为例，操纵人员前推操纵杆，旋翼锥体和拉力都向前倾斜，拉力偏离重心后，会对重心形成下俯力矩，使直升机下俯；拉力也会分解出向前

的第二分力 T_2，使直升机向前加速运动，如图 3-32 所示。

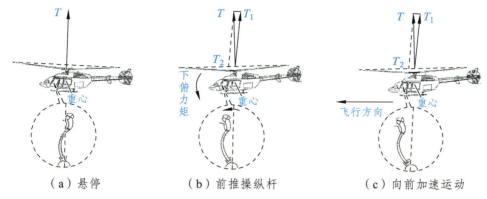

（a）悬停　　　　　（b）前推操纵杆　　　　　（c）向前加速运动

图 3-32　悬停状态直升机，前推操纵杆产生向前加速运动

同理，在悬停状态下，操纵人员向右侧压杆，如图 3-33 所示，旋翼锥体和拉力都会向右倾斜，拉力偏离重心使直升机向右滚转产生右坡度，产生拉力在水平面内的分力 T_3，使直升机向右做加速运动。

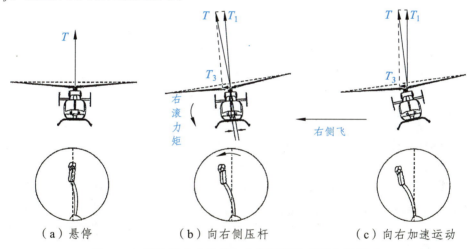

（a）悬停　　　　　（b）向右侧压杆　　　　　（c）向右加速运动

图 3-33　悬停状态直升机，右侧压杆向右做加速运动

总之，操纵人员向某一方向倾斜操纵杆，直升机就向该方向倾斜并做加速运动。

小贴士

无人直升机的遥控器和固定翼飞机相同，许多操纵人员在使用中用固定翼的操纵方法描述直升机操纵。如把操纵杆称为操纵杆，前推后拉时叫作打升降舵，左右操纵时叫作打副翼，左右偏转油门摇杆叫作打方向舵。

3. 操纵"方向舵"

单旋翼直升机都带有尾桨，尾桨除了起平衡旋翼反作用力矩的作用外，还担负着直升机的方向操纵功能。操纵人员左右偏转油门摇杆，通过改变尾桨桨距、改变尾桨拉力实施方向操纵，与有人机使用脚蹬操纵相同，如图 3-34 所示。

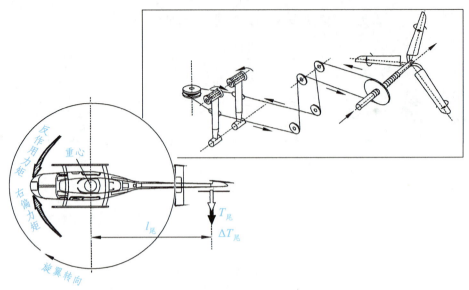

图 3-34　尾桨操纵

在直升机处于方向平衡时，对于顺时针转动的旋翼来说，尾桨产生向左的拉力，对重心形成的偏转力矩抵消了旋翼反作用力矩，直升机不偏转。在此基础上向右压油门摇杆，尾桨增大桨距，增大向左的拉力，使直升机向右偏转；向左压油门杆，尾桨减小桨距，减小向左的拉力（甚至产生向右的拉力），使直升机向左偏转。

拓展阅读

共轴式双旋翼直升机，两副旋翼旋转方向相反，反作用力矩相互抵消，因此不设计尾桨，如图 3-35 所示。

图 3-35　共轴式双旋翼直升机

当"加油门"或"收油门"时，两副旋翼同步变总距，即总距同步增大或减小，改变直升机的升降状态。

当操纵操纵杆时，两副旋翼同步周期变距，两个旋翼锥体都向同一方向倾斜，产生向倾斜方向的拉力分力，使直升机向操纵杆指向的方向倾斜和加速移动。

当压油门摇杆进行方向操纵时，两副旋翼差动变总距，利用旋翼反作用力矩使飞机偏转。如向右"打方向舵"时，顺时针旋转的旋翼总距减小，其反作用力矩（使飞机向左偏）也相应减小；逆时针旋转的旋翼总距增大，其反作用力矩（使飞机向右偏）也相应增大。右偏的反作用力矩大于左偏的反作用力矩，直升机就向右偏转。总距增大和减小的幅度相同，保持总拉力大小不变。

任务 3　典型飞行状态

学习任务

（1）掌握直升机悬停的特点及操纵注意事项。

（2）了解直升机垂直上升、垂直下降和悬停转弯的操纵原理。

（3）掌握直升机平飞的操纵原理，了解直升机平飞性能特点。

（4）掌握直升机上升、下滑的操纵原理，了解上升、下滑性能特点。

（5）掌握直升机盘旋操纵原理，了解直升机盘旋性能。

直升机的典型飞行状态包括无前飞速度的垂直飞行和有前飞速度的常规飞行，其中垂直飞行包含悬停、垂直上升、垂直下降和悬停转弯，有前飞速度的包括平飞、上升、下降和盘旋。

一、悬　停

直升机在一定的高度上，保持航向、位置不变的飞行状态叫作悬停。悬停是直升机的最基本的飞行状态，通常直升机起飞离地后都是先进行悬停检查重心位置是否适当，着陆接地前也需要保持悬停判断着陆场地情况。

（一）保持悬停的条件

无风悬停时，直升机保持悬停的条件如图 3-36 所示。

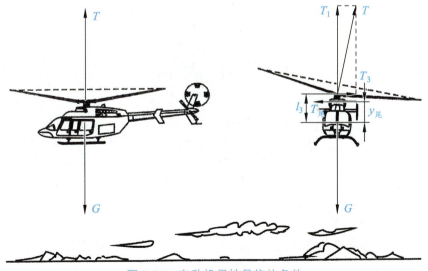

图 3-36　直升机保持悬停的条件

$$T_1 = G$$
$$T_2 = 0$$

$$T_3 = T_尾$$

$$\sum M = 0$$

第一项 $T_1 = G$ ，保持高度不变，在悬停时，T_1 基本和拉力 T 相等。从拉力公式可知，对固定的直升机来说，在旋翼转速固定的情况下，拉力大小只由总距确定。

第二项 $T_2 = 0$ ，保持直升机无前后位移。无风悬停时，飞行速度为零，直升机的阻力也为零，无须 T_2 克服阻力，因此拉力不能向前或向后倾斜，否则直升机就会有前后位移。

第三项 $T_3 = T_尾$ ，保证直升机不偏转。悬停时，尾桨要产生一定拉力 $T_尾$ ，以克服旋翼的反扭矩，保持直升机不偏转。为平衡 $T_尾$ ，需要旋翼向侧向倾斜一定角度，产生 T_3 。

第四项 $\sum M = 0$ ，保持直升机侧向平衡。由于 T_3 的作用线通常高于 $T_尾$ ，对重心形成的滚转力矩大于 $T_尾$ 形成的滚转力矩，还需要带一定坡度（顺时针旋转旋翼带右坡度），使二者对重心形成的力矩平衡，才能保持侧向平衡。

（二）悬停所需功率

悬停状态下，没有上升阻力功率和废阻力功率，所需功率只包括诱阻功率和型阻功率两项，即

$$N_悬停 = N_诱 + N_型 \tag{3-21}$$

尽管悬停所需功率构成项少，但因为诱导速度很大，因而诱阻功率很大，约占所需功率的 3/4，而型阻功率只占 1/4 左右，悬停所需功率总量是比较大的。

随着高度的升高，空气密度减小，导致诱导速度增大，使诱阻功率增大，而型阻功率变化不大。因此，高度越高，悬停所需功率越大，当所需功率增大到发动机额定功率时，想在更高的高度上悬停就不可能了。发动机在额定工作状态下所能维持的最高悬停高度，叫作直升机的理论静升限。

直升机悬停所需功率比较大，电池或燃料消耗都比较大，而悬停状态的稳定性、操纵性又比较差，所以直升机不宜做长时间悬停。

小贴士

固定翼飞机的理论升限是无法达到的，而直升机的理论静升限是可以达到的，即在理论静升限的高度场地上，可以起飞做悬停。

（三）悬停的操纵原理

由于悬停所需功率较大，因此做悬停时，油门必须保持在较大位置，使旋翼工作在较大的总距；旋翼的反作用力矩也很大，以顺时针旋转旋翼为例，为保持平衡就需要向右适当多打"方向舵"；$T_尾$ 和它产生的滚转力矩都比较大，就需要适当向右压杆才能使直升机不向左移动和滚转。由于直升机的旋翼转轴有一定的前倾角，为使 $T_2 = 0$ 、直升机不向前移动，就需适当向后拉杆，直升机略带仰角。因此，要做好悬停，就需要用较大的油门、适当带杆并略向右压杆，并向右打"方向舵"，直升机以略带仰角和

右坡度的姿态悬停。

悬停中难免出现各种偏差：若悬停中出现掉高度的现象，就需要在加油门修正高度的同时，向右压杆和打方向；反之，高度升高，就要在收油门修正高度的同时，向左回杆和打方向。若悬停中出现机头左偏，需向右打方向修正，这时尾桨消耗功率增大会引起高度下降，还需适当加油门并向右压杆；反之，悬停中出现机头右偏时，需向左打方向修正，这时尾桨消耗功率减小会引起高度升高，还需适当收油门并向左回杆。若悬停中出现位移偏差时，在用操纵杆修正时，会引起旋翼锥体和拉力方向倾斜，导致 T_1 减小，有掉高度的趋势，需要适当加油门和向右打方向才能维持平衡。

综上所述，为了做好悬停，应灵活使用油门保持高度，用操纵杆保持直升机无位移，并用"方向舵"保持好方向，操纵人员手中的两个摇杆应做好协调。

（四）影响悬停的因素

1. 风对悬停的影响

在有风的情况下悬停，相当于直升机在向迎风方向以风速飞行，根据风向不同有不同的特点。

1）逆风悬停

逆风悬停，相当于直升机以风速向前飞行，旋翼的诱导速度减小，悬停所需功率减小，尾桨的方向稳定作用也增强，保持方向更加容易。因此，在有风的条件下，应尽量采用逆风悬停。

逆风悬停，为了保持直升机相对于地面不动，应向前顶杆，使旋翼拉力向前倾斜分解出 T_2，让直升机产生向前的、与风速相等的飞行速度，当 T_2 与阻力相等时，直升机就能稳定悬停，如图 3-37 所示。逆风悬停时仰角比无风时稍低，逆风大时甚至可能是俯角。

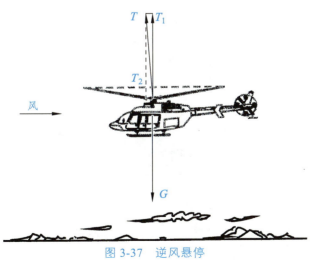

图 3-37　逆风悬停

2）顺风悬停

顺风悬停，相当于直升机以风速向后飞行，所以应向后带杆，使旋翼拉力向后倾斜分解出 T_2，让直升机产生向后的、与风速相等的飞行速度，当 T_2 与阻力相等时，直升机才能保持稳定悬停，如图 3-38 所示。由于向后带杆，直升机仰角比无风悬停时要大。顺风悬停，桨叶挥舞使旋翼锥体前倾，机头有下俯的趋势，因此应增大带杆量保持状态。

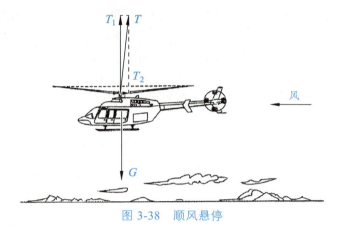

图 3-38　顺风悬停

　　顺风悬停时仰角较大，直升机尾部离地较低，为保证安全，需适当提高悬停高度。悬停高度增大，地效减弱，加上顺风悬停阻力较逆风大，使所需功率比逆风和无风悬停要大。

　　顺风悬停时直升机没有方向稳定性，方向不易保持，遇到扰动会更加偏离原来方向，操纵人员需及时修正，操纵较复杂。在使用中应尽量避免顺风悬停，除非地形原因必须顺风悬停时，也只能在顺风风速不大的情况下实施，还需适当提高悬停高度。

3）侧风悬停

　　侧风悬停时，由于侧风对尾桨的作用，直升机会向风的来向转弯，需打方向修正；为了产生向迎风方向的 T_2，让直升机无位移，并要克服自然挥舞引起的旋翼锥体向风的去向倾斜，需向迎风方向适当压杆。

2. 地面效应对悬停的影响

　　与固定翼飞机一样，直升机近地飞行时也会有地面效应，产生地面效应的原因是旋翼排向下方的气流（诱导气流）受地面阻挡而影响旋翼的空气动力。诱导气流受地面的阻挡作用，使旋翼下方压力增大，相当于诱导速度减小，使产生同样拉力的所需功率减小，或同样功率产生的拉力增大，如图 3-39 所示。

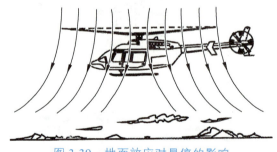

图 3-39　地面效应对悬停的影响

　　悬停时，离地高度越低，气流受地面的阻挡作用越强，地面效应的影响越大。当旋翼离地高度超过旋翼直径时，地面效应基本消失。

　　地面效应的强弱还与直升机的飞行速度有关，在离地高度一定的情况下，飞行速度增大，地面效应减弱。当前飞速度达到诱导速度的两倍时，地面效应消失。因此逆风悬停时，地面效应比无风悬停弱。

另外，地面效应与海拔高度和气温有关。海拔或气温越高，空气密度越小，地面效应也就越弱。直升机下方地面起伏不平、在丛林或农作物上空飞行，地面效应也较弱。

3. 飞行重量对悬停的影响

飞行重量越大，直升机的备份可用功率就越小，悬停高度就越低，机动性也越差。在大重量悬停时，操纵需特别谨慎和柔和，如果操纵粗猛，出现偏差时可能会来不及修正而影响安全。

二、悬停转弯

在悬停的基础上实施转弯，作用力与悬停基本相同，只是通过打方向改变了尾桨拉力大小，使尾桨拉力力矩与旋翼反作用力矩不平衡，二者之差形成方向操纵力矩，使直升机在悬停的基础上转弯。

（一）悬停转弯的操纵原理

操纵直升机进行悬停转弯，应柔和地向预定转弯方向打方向，通过改变尾桨桨距改变拉力，形成方向操纵力矩，使直升机向预定方向转弯。随着转弯角速度增大，方向阻尼力矩与操纵力矩相等时，直升机就保持一定的偏转角速度转弯，如图 3-40 所示。

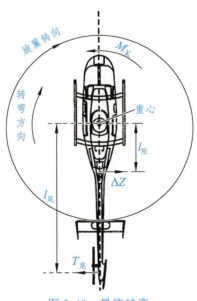

图 3-40　悬停转弯

打方向后尾桨桨距改变使消耗功率发生变化，会影响到旋翼功率。向旋翼反作用力矩方向转弯（如顺时针旋转旋翼向左转弯）时，尾桨消耗功率减小，旋翼分配到的功率就会增大，使旋翼拉力增大，直升机高度增加，应适当收油门修正；向旋翼旋转方向转弯时，尾桨消耗功率增大，旋翼分配到的功率就会减小，使旋翼拉力减小，直升机高度降低，应适当加油门修正。

打方向后，尾桨拉力改变还会破坏直升机侧向力和力矩平衡，直升机会出现向转弯反方向位移和滚转的趋势，需向转弯方向适当压杆保持直升机无位移和不滚转。

到达预定方位前，应根据转弯角速度大小，提前一定角度向转弯反方向打方向和压杆制止偏转、保持无位移和不滚转，同时根据方向不同调整油门，保持高度不变。

（二）风对悬停转弯的影响及操纵原理

1. 风对悬停转弯的影响

以在逆风悬停的基础上做向右 360°转弯为例，从开始转弯到转过 90°的转弯过程中，逆风变为左侧逆风，且侧风角逐渐增大，直至转过 90°时变为左正侧风；从 90°到 180°的转弯过程中，左侧风变成左侧顺风，且侧风角逐渐减小，转到 180°时变为顺风；从 180°到 270°的转弯过程中，顺风变为右侧顺风，且侧风角逐渐增大，直至转过 270°时变为右正侧风；从 270°到 360°的转弯过程中，右侧风变为右侧逆风，且侧风角逐渐减小，转到 360°时变为逆风。

有风时悬停转弯，风的影响是不断变化的，操纵人员必须根据风向变化情况正确实施操纵，才能做好有风情况下的悬停转弯。

2. 有风时悬停转弯的操纵原理

仍以从逆风悬停开始做向右 360°转弯为例来讲悬停转弯的操纵。

在 0°～90°阶段，操纵人员向右打方向使直升机向右偏转后，逆风变成了左侧逆风，如图 3-41 所示，侧风形成了左侧滑，有了侧滑后机身侧力 Z' 对重心形成的力矩会阻碍直升机转弯，需要加大向右打方向的量，尾桨消耗功率增大，有掉高度的趋势，还需适当加油门保持高度。机身侧力 Z' 还会使直升机向右移动，应向左压杆保持无位移。随着转弯角度增大，Z' 影响加大，打方向、压杆和油门量都会增大，当转到 90°时，操纵量增至最大。

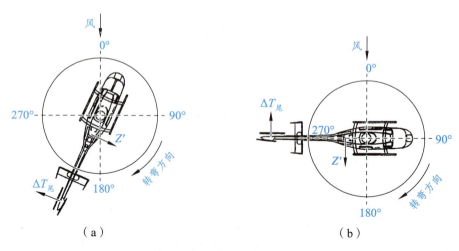

（a）　　　　　　　　　　　　（b）

图 3-41　逆风悬停开始做向右转弯（0°～90°）

在 90°～180°阶段，转过 90°后，风变为左侧顺风，如图 3-42 所示。侧风角越来越小，方向稳定力矩就逐渐减小，应减小向右打方向的量保持偏转角速度。转弯过程中侧风的影响逐渐减弱、顺风的影响逐渐增强，为保持无位移，向左的压杆量应逐渐减小、向后的带杆量应逐渐增大。转至 180°时，直升机处于顺风悬停状态，打方向的量接近逆风悬停位置，带杆量最大。

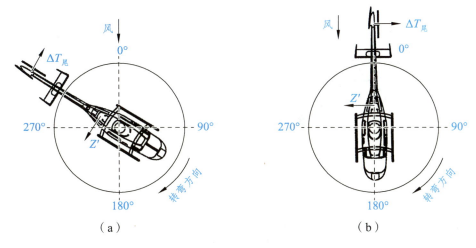

图 3-42　逆风悬停开始做向右转弯（90°～180°）

在 180°～270°阶段，转过 180°后，风变为右侧顺风，如图 3-43 所示。方向不稳定力矩有加速偏转的作用，应逐渐增加向左打方向的量，带杆量也需要逐渐减小并逐渐增大向右的压杆量。当转至 270°时，向左打方向的量和向右的压杆量都最大。

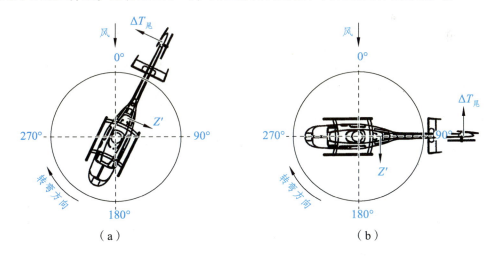

图 3-43　逆风悬停开始做向右转弯（180°～270°）

在 270°～360°阶段，转过 270°后，风变为右侧逆风，如图 3-44 所示。方向不稳定力矩有加速偏转的作用越来越弱，应减小向左打方向的量，向右的压杆量也需逐渐减少，向前迎杆量逐渐增大。接近 360°时，提前一定角度向左打方向改出转弯，直升机在转过 360°时保持在逆风悬停状态。

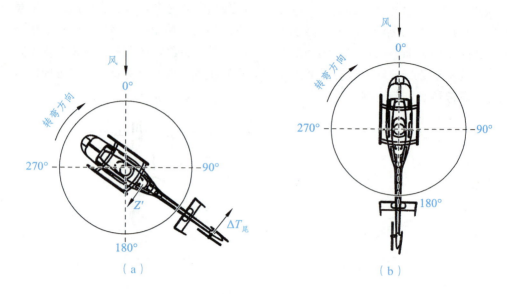

图 3-44　逆风悬停开始做向右转弯（270°～360°）

由上面的分析可看出，直升机在有风的情况下做悬停转弯时，需灵活用油门保持好高度；根据风向风速的变化保持好转弯角速度，转向风去的方向时，方向稳定力矩起阻碍转弯的作用，应加大向转弯方向打方向的量，转向风的来向时应减小向转弯方向打方向的量；为保持直升机无位移，操纵杆始终向风的来向倾斜。

三、垂直上升和垂直下降

（一）垂直上升

直升机在静升限范围内，可以用垂直上升来获取高度，特别是在周围有障碍物的小场地起飞时，就需用垂直上升的方式来超越周围的障碍物。

1. 垂直上升的条件

垂直上升是在悬停的基础上进行的，保持垂直上升的条件与悬停基本相同，即

$$T_1 = G \tag{3-22}$$

$$T_2 = 0 \tag{3-23}$$

$$T_3 = T_{尾} \tag{3-24}$$

$$\sum M = 0 \tag{3-25}$$

垂直上升时的上升率一般都不大，机身阻力可以忽略不计，因此认为 T_1 与重力相等。垂直上升时旋翼的所需功率比悬停时大，旋翼的反作用力矩也会增大，T_3 和 $T_{尾}$ 都会增大。

2. 垂直上升的操纵原理

在无地效悬停的基础上做垂直上升时，操纵人员应柔和加油门，使旋翼的总距增大、拉力增大，拉力大于重力后直升机加速上升；随着上升率增大，桨叶来流角增大，

使桨叶迎角减小，拉力随之减小；当来流角的增量与总距的增量基本相等时，拉力与重力重新平衡，直升机保持稳定垂直上升。

在有地效悬停或直升机垂直起飞，适当加油门使直升机垂直上升时，随高度的升高地效减弱，使拉力随之减小，上升到一定高度时，拉力就与重力取得平衡，直升机不再继续上升。但加油门的量较大、在地效消失时拉力也大于重力时，直升机会经历上升率先大后小的垂直上升，即在地效范围内上升率较大，随高度升高上升率减小，地效消失后和无地效的垂直上升一样，转为稳定上升。

垂直上升时，由于旋翼反作用力矩增大，需适当打方向增大尾桨拉力，防止出现偏转；同时也要加大侧向压杆量，避免出现位移和滚转。

垂直上升和悬停一样，没有向前的飞行速度，稳定性和操纵性都比较差，操纵需柔和、协调。

垂直上升中随高度的升高，上升率会逐渐减小。直升机垂直上升所能达到的最大高度叫作理论静升限，但在垂直上升中，离理论静升限还较远时，上升率已经很小，上升很慢，要在垂直上升中达到理论静升限是不现实的。前文说可以达到理论静升限，是指在海拔等于或略高于理论静升限的场地起飞时，直升机可以垂直起飞、垂直上升，达到该高度值。

（二）垂直下降

在周围有障碍物的狭小场地着陆时，直升机可以用不太大的下降率垂直下降。垂直下降的条件与垂直上升和悬停基本相同，只是所需功率减小，旋翼的反作用力矩减小，T_3 和 $T_尾$ 都会随之减小。

在悬停的基础上做垂直下降时，操纵人员应柔和收油门，使旋翼总距减小、拉力减小，拉力小于重力，直升机开始垂直下降；旋翼总距减小后，反作用力矩随之减小，必须减小打方向的量、减小尾桨拉力，避免直升机偏转；随尾桨拉力减小，还应减小压杆量，避免直升机位移和滚转。随着直升机下降，旋翼的来流角减小，拉力逐渐增大，当来流角的减小量与总距的减小量相等时，旋翼拉力与重力重新取得平衡，直升机下降率不再增大，保持稳定的垂直下降。

垂直下降中，下降率不能过大，避免让直升机进入涡环状态。当发现有增大下降率的趋势时，就要及时加油门增大总距，同时还应增大压杆和打方向的量，保持直升机不偏转和无位移。

四、平　飞

直升机在水平面内做的直线飞行叫作平飞，本节研究的是直升机做的不带侧滑的等速平飞。

（一）保持平飞的条件

和悬停不同，平飞时直升机有向前的速度，会有阻力产生，保持稳定平飞的条件如图 3-45 所示。

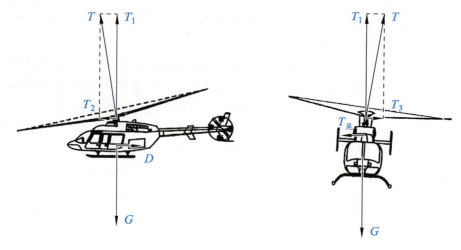

图 3-45　平飞

$T_1 = G$（保持高度不变）

$T_2 = D$（保持速度不变）

$T_3 = T_{尾}$（保持不带侧滑）

$\sum M = 0$（保持力矩平衡）

四个条件中，任何一条发生变化，都不能保持稳定平飞。

（二）平飞所需功率

平飞时旋翼消耗的功率，称为平飞所需功率。平飞中没有高度变化，所需功率只由三部分构成，即翼型阻力功率、诱导阻力功率和废阻力功率。

1. 翼型阻力功率

直升机悬停时，翼型阻力功率约占 25%。随着飞行速度增加，旋翼相对气流不对称越来越明显，前行桨叶型阻功率增加量大于后行桨叶型阻功率减小量，致使型阻功率随平飞速度的增大缓慢增加。图 3-46 所示为平飞所需功率随速度变化的曲线，图中曲线①显示型阻功率的变化。

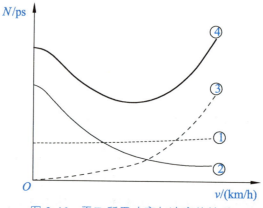

图 3-46　平飞所需功率与速度的关系

2. 诱导阻力功率

直升机悬停时，诱导阻力功率很大，随着飞行速度增加，诱导速度逐渐减小，诱阻功率也随之减小。图 3-46 中曲线②显示诱阻功率的变化。

3. 废阻力功率

随飞行速度增大，机身产生的废阻力也逐渐增大，致使废阻力功率也随之增大。废阻力功率与飞行速度的三次方成正比，当飞行速度较大时，废阻力功率增大十分明显。图 3-46 中曲线③显示废阻力功率的变化。

4. 平飞所需功率曲线

平飞所需功率是上述三部分之和，图 3-46 中曲线④即是平飞所需功率。从曲线上可看出，随飞行速度增大，平飞所需功率先减小后增大，所需功率最小时的飞行速度称为经济速度。

当飞行速度小于经济速度时，随速度增大，诱阻功率减小很多，大于型阻功率和废阻力功率的增大量，故平飞所需功率减小；速度超过经济速度后，废阻力功率显著增大，加上型阻功率的增大量，超过了诱阻功率的减小量，故平飞所需功率增大。

（三）平飞性能

在直升机的平飞所需功率曲线中再画上平飞可用功率，就是直升机的平飞功率曲线，如图 3-47 所示。与固定翼飞机一样，通过平飞功率曲线，可以分析直升机的平飞性能。

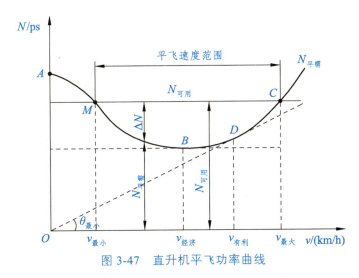

图 3-47　直升机平飞功率曲线

1. 最大平飞速度

直升机使用额定功率平飞所能达到的最大速度，称为平飞最大速度。在图 3-47 中，可用功率曲线与所需功率曲线在右边的交点 C 处所对应的速度，就是平飞最大速度。

除了可用功率外，直升机的最大平飞速度还会受到旋翼的气动性能特点限制。飞行速度过大，会造成后行桨叶的返流区扩大，气流不对称加剧，严重时会引起振动和影响操纵性能；飞行速度过大，后行桨叶下挥速度加大，造成桨叶迎角过大，可能导致后行桨叶失速；飞行速度过大，可能会导致前行桨叶桨尖出现超音速气流、出现激波，引起气动性能恶化。因此，直升机的最大平飞速度比固定翼飞机小很多，目前包括有人直升机在内，直升机的最大平飞速度仅为 300 km/h 多一点。

2. 最小平飞速度

直升机可以在空中悬停，因此其最小平飞速度可以为零。但是，在超过理论静升限的高度上，直升机就无法悬停，但仍可以前飞。这时，直升机额定功率所能保持的最小飞行速度就是最小平飞速度，在图 3-47 中，可用功率曲线与所需功率曲线在左边的交点 M 处所对应的速度，就是平飞最小速度。这和固定翼飞机在一定高度上最小平飞速度受发动机功率限制相似。

3. 经济速度

直升机所需功率最小的平飞速度叫作经济速度，在图 3-47 中，所需功率曲线的最低点 B 处所对应的速度，就是经济速度。用经济速度平飞，直升机能获得最长的续航时间。

4. 有利速度

与固定翼飞机一样，直升机用经济速度飞行，尽管续航时间长，但由于速度小，航程并不是最长，应该用比经济速度略大的有利速度飞行，才能获得最大航程。

平飞所需功率与平飞速度的比值 $\left(\dfrac{N_{平需}}{v_{平飞}} \right)$ 最小时的速度叫有利速度。在图 3-47 中，从原点向平飞所需功率曲线做切线，切点 D 处所对应的速度，就是有利速度。

5. 平飞速度范围

从平飞最小速度到平飞最大速度称为平飞速度范围，在此范围内，直升机可以用任一速度平飞。平飞速度范围越大，平飞性能越好。

6. 高度对平飞性能的影响

高度升高，空气密度降低，要保持旋翼转速和拉力不变，就需要增大桨叶迎角，翼型旋转阻力增加；另一方面，空气密度减小又使翼型旋转阻力减小。综合来看，翼型旋转阻力基本不变，所以型阻功率就基本不变。高度升高，空气密度降低，为保持拉力不变，诱导速度就会增大，因此诱阻功率增大。高度升高，空气密度减小，同一飞行速度（真速）下的废阻力减小，使废阻力功率也减小，但小速度时废阻力功率减小量较少，大速度时减小得较多。

综合起来，随高度升高，飞行速度不大时，诱阻功率占比较大，它的增量也影响较大，同时废阻力功率减小不多，导致平飞所需功率增大，平飞所需功率曲线明显上移，如图 3-48 所示；大速度飞行时，诱阻功率占比小，它的增加量影响不大，而废阻力功率减小较多，因此平飞所需功率增加不多，甚至还略有减小。从平飞所需功率随高度的变化曲线上也可以看出，随高度增加，对应的经济速度、有利速度都会有所增大。

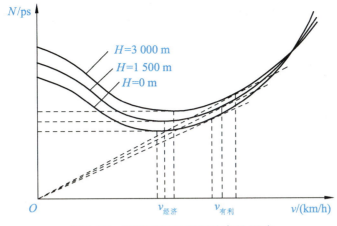

图 3-48　高度对平飞所需功率的影响

从上面的分析可知，高度升高时，大速度飞行平飞所需功率变化不大，因此最大平飞速度随高度的变化主要受可用功率的影响。燃油发动机随高度升高可用功率会降低，加上旋翼气动性能降低，因此最大平飞速度会减小较明显；电驱的则主要受旋翼气动性能降低影响，因此最大平飞速度减小量略少些。

在低于静升限的高度上，最小平飞速度没变化，但超过静升限后，最小平飞速度会随高度的升高而增大。

根据最大平飞速度和最小平飞速度的变化规律可知，随高度的升高，平飞速度范围减小。

7. 飞行重量对平飞性能的影响

飞行重量增大，为保持平飞就需要增大旋翼拉力，需增大旋翼总距，使型阻功率和诱阻功率都增大。由于小速度时诱阻功率占比大，所以影响较明显，会使静升限降低，平飞最小速度在更低的高度上就开始增大。重量的增加对最大平飞速度影响较小，但所需拉力大、桨叶迎角大，增大了后行桨叶失速的危险，若最大平飞速度受后行桨叶失速限制时，会导致最大平飞速度减小。

（四）平飞操纵原理

根据平飞条件，平飞操纵的基本方法是：通过前后移动操纵杆，使旋翼锥体向前或向后倾斜，改变直升机俯仰状态和 T_2，改变飞行速度；通过油门改变旋翼总距，改变拉力大小，使 T_1 保持不变，保持高度；通过打方向改变尾桨桨距和 $T_尾$，保持方向；压杆改变旋翼锥体左右倾斜量，改变直升机坡度和 T_3，避免出现侧滑。

与固定翼飞机一样，直升机也以经济速度为界，分为大于经济速度的第一速度范围和小于经济速度的第二速度范围。但不同的是固定翼的第二速度范围比较小，且基本不在此范围做稳定飞行，而直升机第二速度范围比较大，并且经常在此范围内飞行，这也是直升机在小速度时的优越性所在。但直升机的力矩变化规律随速度不同有所不同，使操纵杆、油门、方向的操纵也有所不同。

1. 操纵杆前后移动的操纵特点

平飞中要增大飞行速度时，需顶杆使旋翼锥体向前倾斜，机头也随之下俯，旋翼锥体倾斜使 T_2 增大，直升机开始加速；随着速度增大，阻力随之增大，当阻力与 T_2 取得新的平衡后，直升机稳定在新的速度。此时，若不考虑力矩变化，操纵杆应回到加速前的位置，否则直升机将在操纵力矩的作用下继续下俯。但随着飞行速度增大，桨叶自然挥舞会使旋翼锥体向后倾斜量加大，使机头上仰；在水平安定面上，小速度范围加速时上仰力矩增量大于下俯力矩增量，大速度范围加速时上仰力矩增量大于下俯力矩增量。因此在小速度范围加速时，自然挥舞和水平安定面都使机头上仰，机头上仰趋势较大，为保持俯仰平衡，操纵杆应比加速前的位置更靠前；在大速度范围加速，水平安定面使机头下俯，机头上仰趋势较小，操纵杆仍应比加速前的位置更靠前，但靠前量比低速时更小。

因此，随着平飞速度增大，要求操纵杆前推量越来越多，直升机俯角也越来越大；反之，平飞减速时则需向后带杆，俯角减小，速度较小时甚至是仰角。

2. 油门的操纵特点

加速时，随着旋翼锥体前倾，T_1 减小，为保持高度不变，应加油门增大旋翼总距增大拉力，保证 T_1 与重力平衡。在第一速度范围，随着飞行速度增大，所需功率是增大的，速度增大达到新的平衡后，就会稳定在新的飞行状态，油门位置比加速前更大；在第二速度范围，随着飞行速度增大，所需功率是减小的，为使直升机在新的飞行状态稳定下来，到达预定速度后，还需收油门减小总距，油门位置比加速前更小。

3. 方向操纵特点

直升机用尾桨拉力对重心形成的力矩来平衡旋翼的反作用力距，以顺时针旋转旋翼为例，尾桨需产生向左的拉力来平衡反作用距。飞行中旋翼功率越大，反作用力距也越大，也就是说尾桨拉力要随所需功率的变化而变化，加油门增大总距时需加大向右打方向的量，收油门减小总距时需减小向右打方向的量。

在第一速度范围加速，需要加大油门增大总距，所以应加大向右打方向的量；在第二速度范围开始加速时，需加大油门增大总距，也就需要加大向右打方向的量，到达预定速度后需将油门收到比加速前更小，因此需减小向右打方向的量，减到比加速前更小。

4. 操纵杆左右移动的操纵特点

直升机的横侧平衡，是由 $T_尾$ 和 T_3 决定的，顺时针旋转旋翼的直升机，$T_尾$ 是向左的，平飞时需要向右压杆，直升机略带右坡度，才能保持不带侧滑的飞行。

在第一速度范围加速，$T_尾$ 是增大的，有使直升机向左滚转的趋势，但自然挥舞也会造成旋翼锥体向右侧倾斜，使 T_3 增大。刚超过经济速度时，后者的作用大于前者，因此加速时需适当向左回杆，即减小向右的压杆量。随飞行速度继续增大，两者的影响基本抵消，操纵杆的左右位置基本不变。

在第二速度范围加速，$T_尾$ 是减小的，有使直升机向右滚转的趋势，自然挥舞也会造成旋翼锥体向右侧倾斜，使 T_3 增大，二者对横侧平衡的影响一致。因此随速度的增大，需适当向左回杆，即减小向右的压杆量。

在平飞的过程中，作用在直升机上的各种力和力矩共同决定直升机的飞行状态，因此在操纵直升机做等速平飞或改变平飞速度时，操纵杆、油门、方向需密切配合，才能保持好预定的飞行状态。

五、上 升

直升机沿着向上倾斜或垂直的轨迹所做的飞行，叫作上升。本节分析直升机沿倾斜向上轨迹且不带侧滑的匀速直线上升。

（一）保持上升的条件

直升机上升时的受力与平飞基本相同，主要有旋翼拉力、直升机重力、空气阻力和尾桨拉力。与固定翼上升类似，重力与运动轨迹不垂直，需分解为垂直于运动轨迹的 G_1 和平行于运动轨迹的 G_2。保持稳定上升的条件如图 3-49 所示。

$T_1 = G\cos\theta_{上}$　（保持上升角不变）

$T_2 = D + G\sin\theta_{上}$　（保持上升速度不变）

$T_3 = T_{尾}$　（保持不带侧滑）

$\sum M = 0$　（保持力矩平衡）

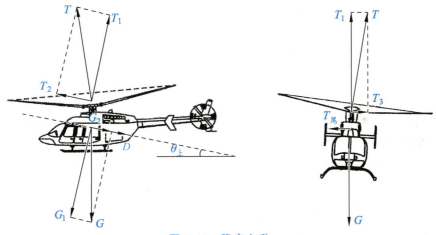

图 3-49　稳定上升

（二）上升性能

与固定翼飞机相似，直升机的上升性能也包括上升角、上升率、上升时间和升限。其中上升角与上升率、上升速度的关系如图 3-50 所示。

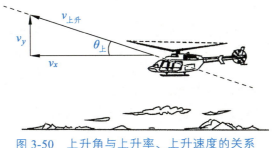

图 3-50　上升角与上升率、上升速度的关系

1. 上升角

根据 $T_2 = D + G\sin\theta_\text{上}$ 变形可得

$$\sin\theta_\text{上} = \frac{T_2 - D}{G}\tag{3-26}$$

从图 3-50 可看出 $\cos\theta_\text{上} = \dfrac{v_x}{v_\text{上升}}$，用上式相除，可得

$$\tan\theta_\text{上} = \frac{(T_2 - D)\cdot v_{y\text{上}}}{G\cdot v_x} = 75\frac{\Delta N}{G\cdot v_x}\tag{3-27}$$

由此可知，在飞行重量一定的情况下，上升角的大小取决于剩余功率和上升速度的水平分量。用经济速度上升，ΔN 最大，但此时的 v_x 也较大，故上升角并不是最大的；用稍小于经济速度的速度上升，ΔN 与 v_x 的比值达到最大，才能获得最大上升角。

> **小贴士**
>
> 与固定翼飞机相比，直升机的最大上升角意义并不大，因为在静升限以下，直升机都可以做垂直上升，上升角可达 90°。

2. 上升率

从图 3-50 可看出，上升率与上升角的关系为 $v_{y\text{上}} = v_x \tan\theta_\text{上}$，代入上升角公式，可得

$$v_{y\text{上}} = 75\frac{\Delta N}{G}\tag{3-28}$$

可以看出，在重量一定的情况下，上升率只与剩余功率有关，剩余功率越大，上升率越大。用经济速度上升，剩余功率最大，可以获得最大上升率。

3. 上升时间和升限

直升机上升到预定高度所需的最短时间，称为上升时间。上升时间短，说明直升机获得高度快，上升性能好。保持经济速度上升时，上升率最大，上升时间最短。

随着高度升高，直升机最大上升率减小，当最大上升率减小到零时，直升机就无法再上升高度了，此时的高度称为理论动升限。与固定翼飞机一样，要上升到理论动升限，需要的时间无限长，也没什么意义，在最大上升率减小到 0.5 m/s 就不再继续上升了，此时的高度称为实用动升限。

4. 影响上升性能的因素

影响直升机上升性能的主要因素包括风、气温和飞行重量。

在有风的情况下做上升时，直升机除了与空气有相对运动外，还会随风一起运动，直升机相对于地面的运动速度是风速和空速的矢量和。风对直升机和固定翼飞机上升性能的影响是相同的，即水平风不影响上升率，但会影响上升角，逆风使上升角增大，顺风使上升角减小；垂直风对上升角和上升率都有影响，上升气流使上升角和上升率都增大，下降气流则相反。

气温升高会导致空气密度降低，使平飞所需功率增大和旋翼的可用功率减小，会造成剩余功率降低，最大上升角和上升率都减小，升限也降低。

飞行重量越大，上升中的 G_1 和 G_2 都增大，要保持稳定上升，就需要增大旋翼拉力、增大所需功率，造成剩余功率减小，因此最大上升角、最大上升率和升限都将减小。反之，飞行重量减轻，最大上升角、最大上升率和升限都将增大。

（三）上升的操纵原理

1. 由平飞转为上升

由平飞转上升时，操纵人员应向后带杆，减小旋翼锥体前倾量，使 T_1 增加、T_2 减小。增大后的 T_1 大于重力，使直升机轨迹向上弯曲，转入上升；T_2 减小也使直升机前飞的速度相应减小，如图 3-51 所示。

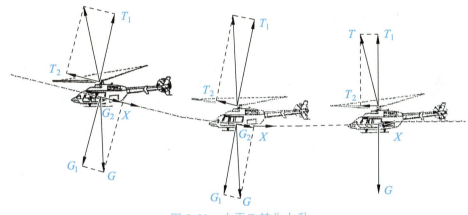

图 3-51　由平飞转为上升

随着上升角和上升率的增大，桨叶来流角增大，会使桨叶迎角减小、拉力减小。为保持旋翼拉力，操纵人员应加油门增大总距，才能保持稳定上升。上升角和上升率越大，需加油门的量越大。

在接近预定上升角时，应向前稳杆，使直升机达到预定上升角时，T_1 与 G_1 平衡，保持上升角不变。

上升时由于加油门使旋翼总距增大，旋翼的反作用力矩也大，需加大打方向的量增大尾桨拉力 $T_{尾}$，并适当增大压杆量增大 T_3，才能保持侧向平衡。如顺时针旋转旋翼的直升机，需增大向右打方向和向右压杆的量。

2. 由上升转为平飞

由上升转平飞的操纵和由平飞转上升的操纵相反，操纵人员应向前顶杆，增大旋翼锥体前倾量，使 T_1 减小、T_2 增大。T_1 小于重力，使直升机轨迹向下弯曲，才能转入平飞；T_2 增大也使直升机前飞的速度相应增加，如图 3-52 所示。

随着上升角和上升率的减小，桨叶来流角减小，会使桨叶迎角增大、拉力增大。为保持旋翼拉力，应相应地收油门减小总距。当上升角接近零时，应稳住杆，使直升机继续增速到预定平飞速度时，适当回杆保持预定的速度平飞。

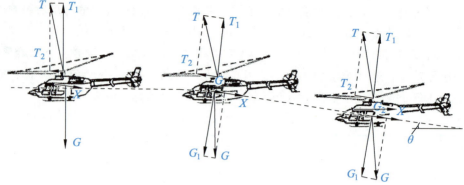

图 3-52　由上升转为平飞

　　收油门使旋翼总距减小后，旋翼的反作用力矩也减小，需减小打方向的量减小尾桨拉力 $T_尾$，并适当减小压杆量减小 T_3，才能保持侧向平衡。如顺时针旋转旋翼的直升机，需减小向右打方向和向右压杆的量。

六、下　滑

　　直升机沿着向下倾斜的轨迹所做的飞行叫作下滑，本节分析的是直升机不带侧滑的等速直线下滑。

（一）保持下滑的条件

　　直升机下滑时的受力主要有旋翼拉力、直升机重力、空气阻力和尾桨拉力。与上升一样，重力与运动轨迹不垂直，需分解为垂直于运动轨迹的 G_1 和平行于运动轨迹的 G_2。保持稳定下滑的条件如图 3-53 所示。

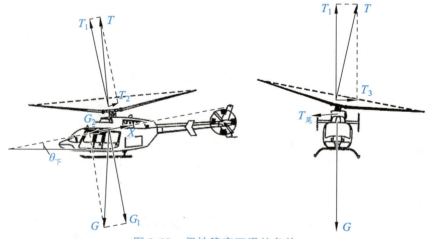

图 3-53　保持稳定下滑的条件

$T_1 = G\cos\theta_下$　　（保持下滑角不变）

$G\sin\theta_下 = T_2 + D$　　（保持下滑速度不变）

$T_3 = T_尾$　　（保持不带侧滑）

$\sum M = 0$　　（保持力矩平衡）

（二）下滑性能及影响因素

1. 下滑性能

描述下滑性能的参数包括下滑角、下降率等。其中，下滑角的定义和意义与固定翼飞机下滑角相同，此处不再赘述。

下滑中，下滑角与下降率、下滑速度的关系如图 3-54 所示。从图中可看出，下降率是随下滑速度和下滑角的增大而增大的，它们之间的关系为

$$v_{y下} = v_{下滑} \sin \theta_{下} \tag{3-29}$$

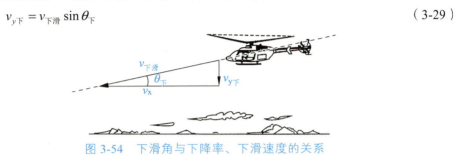

图 3-54　下滑角与下降率、下滑速度的关系

下滑中，直升机高度降低使重力势能减小，单位时间内势能的减小量为

$$\Delta E = \frac{G v_{y下}}{75} \tag{3-30}$$

下滑中减小的势能将转化为旋翼旋转的能量，因此下滑所需功率比平飞所需功率要小，它们之间的差值就是单位时间直升机势能的减小量，即

$$N_{平需} - N_{下需} = \frac{G v_{y下}}{75} \tag{3-31}$$

保持稳定下滑的所需功率由旋翼的可用功率提供，即 $N_{下需} = N_{可用}$，式（3-31）经整理后可得

$$v_{y下} = 75 \frac{N_{平需} - N_{可用}}{G} \tag{3-32}$$

从式（3-32）中可以看出，在飞行重量和油门总距一定的情况下，下降率的大小只与 $N_{平需}$ 有关，用经济速度下滑，$N_{平需}$ 最小，可以获得最小下降率。同时也可看出，在油门最小或发动机故障的情况下，即 $N_{可用} = 0$，直升机也可以保持旋翼自转以一定的下降率做稳定下滑，自转下滑时也是用经济速度下降率最小。

2. 影响下滑性能的因素

与影响直升机上升性能一样，影响下滑性能的主要因素也是风、气温和飞行重量。

风对下滑的影响和对上升的影响相同，水平风只影响下滑角不影响下降率，垂直风对二者都有影响：顺风使下滑角减小、下滑距离增大，逆风使下滑角增大、下滑距离缩短；上升气流使下滑角和下降率都减小，下降气流使二者都增大。

气温升高，空气密度减小，会使 $N_{平需}$ 增大、$N_{可用}$ 减小，因此下滑角和下降率都增大，下滑距离缩短。反之，气温降低，下滑角和下降率都减小，下滑距离增长。

保持油门总距和下滑速度不变的情况下，飞行重量越大，$N_{平需}$ 越大，使下滑角和下降率都越大，下滑距离缩短。从下降率的公式看，分母 G 增大会使下降率减小，但

重量增大导致的 $N_{平需}$ 增大影响更明显，所以下降率是增大的，特别是小速度下滑时，由于 $N_{平需}$ 很大，下降率增大更加明显。

（三）下滑的操纵原理

1. 由平飞转入下滑

平飞中，操纵人员收油门减小总距、减小旋翼拉力，使 T_1 小于重力，直升机轨迹向下弯曲，转入下滑，如图 3-55 所示。

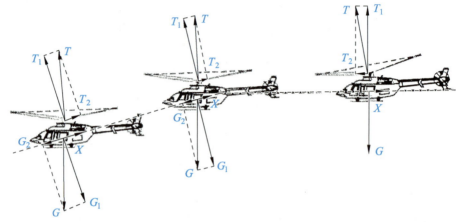

图 3-55　由平飞转入下滑

与固定翼飞机不同，直升机下滑时，速度一般比平飞速度小，所以在收油门减小总距的同时应适当带杆使直升机减速，当速度接近预定下滑速度时，适当松杆。用油门和操纵杆调整下降率和下降速度，使拉力的变化满足下滑条件，保持等速直线下滑。

由于收油门总距减小，旋翼反作用力矩减小，应适当减小打方向和压杆的量，保持侧向平衡。

2. 由下滑转入平飞

由下滑转平飞时，操纵人员需加油门增大总距、增大拉力，使 T_1 大于重力，直升机轨迹向上弯曲，逐渐减小下滑角，转入平飞，如图 3-56 所示。

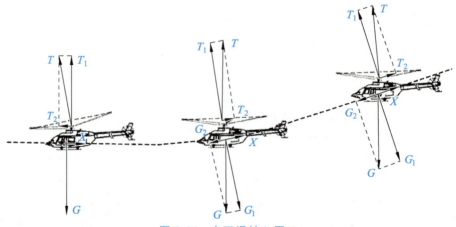

图 3-56　由下滑转入平飞

随着下滑角减小，T_2随之减小，会使飞行速度减小，应适当顶杆使旋翼锥体前倾，增大T_2，接近预定平飞速度时，适当回杆保持速度。

下滑转平飞加大了油门，旋翼反作用力矩增大，还应加大打方向和压杆的量保持侧向平衡。

七、盘 旋

直升机在水平面内做的匀速圆周运动，叫作盘旋。操纵人员通常通过盘旋来掌握直升机水平转弯、上升转弯、下滑转弯等操纵技能。

（一）保持盘旋的条件

要使直升机转弯，需要有水平面内的向心力。盘旋中直升机带有坡度，使拉力分解出T_3，T_3与$T_尾$之差为向心力。在速度不变的情况下，向心力不变就能保持半径不变。结合盘旋要求等高、等速、等半径的特点，保持稳定盘旋的条件如图 3-57 所示。

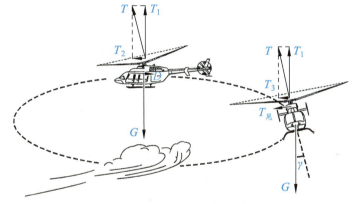

图 3-57　保持稳定盘旋的条件

$T_1 = G$　（保持高度不变）

$T_2 = D$　（保持速度不变）

$$T_3 \pm T_尾 = \frac{Gv^2}{gR}$$　（保持盘旋半径不变）

$\sum M = 0$　（保持力矩平衡）

盘旋半径又叫作转弯半径。表征飞行器盘旋性能的参数主要是转弯半径和转弯角速度，转弯半径越小或转弯角速度越大，说明飞行器的水平机动性能越强。对直升机来说，特别是无人直升机，其意义远不如固定翼飞机，因为直升机可以做悬停转弯，其盘旋半径可以小到为零，在此就不再讨论盘旋性能了。

（二）盘旋的操纵原理

盘旋按操纵特点，可分为进入、保持和改出三个阶段，三个阶段的运动状态各不相同。

1. 进入阶段

在平飞中速度到达盘旋速度时，协调一致向盘旋方向压杆打方向。压杆的目的是使直升机倾斜产生坡度，形成足够的 T_3 作向心力，使直升机在水平面内做曲线运动；打方向是为了使直升机向转弯方向偏转，避免出现侧滑。

随着坡度逐渐增大，T_1 减小，直升机有掉高度的趋势，应随坡度增大加油门增加总距来增大拉力，防止掉高度。随总拉力增大，T_3 也增大，导致向心力增大，转弯角速度增大，应增大打方向的量，防止出现侧滑。

在接近预定坡度时，转弯角速度基本稳定，需适当回杆回方向，防止坡度、偏转角速度继续增大，使直升机在预定坡度时进入稳定盘旋。

2. 保持阶段

只要进入阶段操纵得当，直升机进入稳定盘旋，保持阶段只需保持住杆、方向和油门位置，直升机就能做稳定盘旋。但在盘旋中经常会出现各种偏差，保持阶段要及时发现和修正偏差，才能保持好稳定盘旋。常见的偏差主要是高度和速度保持不好。

高度保持不好的原因是 T_1 与重力不平衡，如果是 $T_1 > G$，高度就会上升，反之高度会下降。要保持好高度，需要正确使用油门，若油门大，就会使 $T_1 > G$，高度就会升高；反之，油门不够，高度则会降低。为保持好高度，还应保持好盘旋的坡度和速度，操纵动作要柔和协调，避免出现侧滑。

盘旋中带杆量适当，才能保持好速度不变。带杆过多，旋翼锥体后倾量大，会使 T_2 减小、盘旋速度减小；反之，带杆过少，就会使 T_2 增大、盘旋速度增大。高度保持不好也会导致速度保持不好，若高度升高，操纵人员会本能地向前顶杆修正，就会导致速度增大；反之，高度降低，本能带杆修正，则会导致速度减小。

3. 改出阶段

改出过程中直升机还在继续转弯，因此应掌握好提前量实施改出动作。

提前一定角度向盘旋反方向压杆打方向。压杆是为了减小坡度使 T_3 减小，向心力减小使直升机转弯角速度减慢，逐渐退出转弯；打方向是为了减小直升机的偏转角速度，使之和转弯角速度匹配，避免出现侧滑。

随着坡度减小，T_1 将会增大，应适当收油门减小总距减小拉力，才能保持高度和速度不变。

接近平飞状态时，回杆回方向保持平飞。

（三）左、右盘旋的特点

左盘旋和右盘旋相比，有转弯的共同点，但也有各自的特点，不同的特点主要是由旋翼和尾桨的特性造成的。下面以旋翼顺时针旋转的直升机为例来说明左、右盘旋的不同特点。

1. 旋翼进动的影响不同

进入和改出盘旋时，会操纵直升机滚转改变坡度，也就改变了旋翼转轴的方向，旋翼的进动作用会使直升机上仰或下俯。

进入左盘旋时，向左压杆使直升机向左滚转，旋翼转轴向左倾斜，进动会使机头下俯，速度有增大的趋势，所以向左压杆的同时应稍向后带杆修正；进入右盘旋进动会使机头上仰，速度有减小的趋势，向右压杆的同时应稍迎杆修正。

盘旋的保持阶段，旋翼转轴方向不再改变，也就没有进动作用了。

改出盘旋时与进入盘旋相反，如改出左盘旋要压杆使直升机向右滚转减小坡度，旋翼转轴向右倾斜，进动会使机头上仰，速度有减小的趋势，所以向右压杆的同时应稍迎杆修正；改出右盘旋则相反，旋翼转轴向左倾斜，进动会使机头下俯，速度有增大的趋势，向左压杆的同时应稍向后带杆修正。

进动的影响与操纵动作有关，操纵动作越粗猛，进动影响越明显，操纵越柔和，进动越不明显。因此，在操纵时一定要注意动作柔和、协调。

2. 旋翼自然挥舞对平衡的影响不同

平飞时，前行桨叶相对气流速度的增大值和后行桨叶相对气流速度的减小值是相等的，但盘旋中则发生了变化。左盘旋时，桨盘左侧的前行桨叶处于转弯内侧，桨盘右侧的后行桨叶处于转弯外侧，造成前行桨叶相对气流的增加量会比后行桨叶相对气流的减小量小；右盘旋时则相反，前行桨叶的相对气流增加量比后行桨叶相对气流的减小量大。

前飞中，由于相对气流速度不对称引起的自然挥舞使旋翼锥体向后倾斜，不对称程度越大，旋翼锥体倾斜量也越大。以前文分析自然挥舞的数据为例，桨叶的旋转速度为 200 m/s，前飞速度为 50 m/s，则 90°方位桨叶的相对气流速度为 250 m/s，270°方位为 150 m/s，两个方位的速度比为 5/3。桨叶产生拉力的大小与速度平方成正比，速度的平方比就为 25/9=2.778。

盘旋引起的相对气流不对称程度的变化，还是以此数据为例，内侧桨叶的前飞速度略小，为 45 m/s，外侧略大，为 55 m/s。左盘旋时，桨叶 90°方位的相对气流速度为 245 m/s，270°方位为 145 m/s，两个方位的速度平方比为 $\left(\dfrac{245}{145}\right)^2=2.855$；右盘旋时，两个方位的相对气流速度分别是 255 m/s 和 155 m/s，平方比为 $\left(\dfrac{255}{155}\right)^2=2.707$。

可见，与平飞相比，左盘旋的相对气流不对称加剧了，右盘旋则减弱了，这就会造成左盘旋自然挥舞引起的旋翼锥体后倾量更大，右盘旋则更小。旋翼锥体后倾量不同，会影响 T_2，为保持飞行速度，杆量会有所不同。

3. 尾桨造成所需功率不同

做相同飞行速度和转弯半径的左盘旋和右盘旋，直升机的阻力和向心力就应相同。盘旋的向心力是 T_3 和 $T_尾$ 的矢量和，由于 $T_尾$ 方向向左，因此做左盘旋时 $T_尾$ 起增大向心力的作用，所需的 T_3 就比做右盘旋的小，如图 3-58 所示。

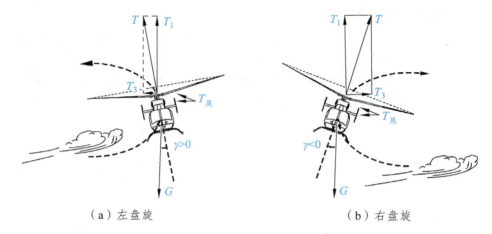

（a）左盘旋　　　　　　　　　　　　（b）右盘旋

图 3-58　左盘旋和右盘旋的向心力

左盘旋需要的 T_3 比右盘旋小，所需左坡度就比右坡度小。坡度不同，同样的总拉力，分解出来的 T_1 就不同，保持高度需 $T_1 = G$，所以为左盘旋需要的总拉力就比右盘旋小，所需功率也就减小。同时，左盘旋向左打方向，使 $T_尾$ 减小，尾桨的所需功率也减小，右盘旋则相反。

拓展阅读：直升机盘旋的有效坡度

直升机在平飞时会略带坡度，如旋翼顺时针旋转的直升机平飞时会带 2°左右的右坡度，原因是需要从旋翼拉力中分解出 T_3 来平衡 $T_尾$。

直升机在转弯时，是在平飞已带坡度的基础上增加坡度。如用 15°坡度做右转弯，只是在平飞的基础上增加了 13°坡度，即有效坡度为 13°；若同样用 15°坡度做左转弯，则是在平飞的基础上增加了 17°坡度，即有效坡度为 17°。可见，左、右盘旋时，即使直升机使用同样的坡度，有效坡度也是不同的，差值是平飞所带坡度的 2 倍。

任务 4　多旋翼无人机

学习任务

（1）了解多旋翼无人机的结构特点。

（2）掌握多旋翼无人机的基本操纵方法。

（3）了解垂直起降固定翼无人机的应用特点。

一、多旋翼特点及安装

多旋翼无人机，是一种具有三个及以上旋翼轴的特殊无人驾驶直升机。多旋翼无人机通过每个轴上的电动机转动，带动旋翼，从而产生升拉力，通过改变不同旋翼之间的相对转速、改变其拉力大小，从而改变整机拉力的大小和方向，控制飞行器的运行轨迹。多旋翼无人机操控性强，具有直升机的可垂直起降和悬停的功能，并且操控比直升机简单可靠，主要适用于低空、低速、有垂直起降和悬停要求的任务类型。

多旋翼一般采用固定桨距的旋翼，不同的旋翼按照实际的需要采取不同大小的螺距，对于同一型号的旋翼来说，其转速一致的情况下，产生的拉力是一致的。旋翼采用其直径和螺距来进行型号标识，方便使用者了解其旋翼的大小以及拉力情况，以便根据实际的需要进行旋翼的选配。

旋翼型号用 4 位数字表示，印制在桨叶的上表面，如图 3-59 所示。前面 2 位代表旋翼的直径，单位为英寸（1 in=25.4 mm）；后面 2 位是旋翼的螺距，单位为毫米。旋翼按照其制作面和旋转方向可分为正桨和反桨，正桨逆时针方向旋转产生向上的拉力，在 4 位数的型号后面以 CCW 标识；反桨顺时针方向旋转产生向上的拉力，在 4 位数的型号后面以 CW 标识。安装的时候，一定记得无论正反桨，旋翼标识的一面是向上的（桨叶圆润的一面要和电机旋转方向一致）。

图 3-59　旋翼型号标识

旋翼在旋转时受到空气的阻力影响会产生反扭矩，给机体一个旋翼旋转方向的扭矩，使机体向反方向的旋转。为了有效克服由于旋翼在旋转时产生的反扭矩，在安装旋翼时通常会采用正反桨对称安装的方式，这样正反桨产生的反扭矩可以相互抵消，保持机身平稳飞行，不产生旋转，所以绝大多数多旋翼其旋翼数量通常为偶数，正反桨各一半；有少数多旋翼采取奇数安装，一般用于特殊的垂直起降固定翼。

二、多旋翼的机架布局

多旋翼的机架按照其安装形式通常可以分为：十字形、X 字形、Y 字形等，现阶段常用的主要是十字形、X 字形两种，如图 3-60 所示。不同的机架布局对飞机的方向定义有所不同，同时对电机和旋翼的标号顺序不同。如果飞机正前方有机臂时，正前方定义为 1 号机臂，安装 1 号电机（M1），对应的旋翼为 1 号旋翼，习惯性定义 M1 带动 1 号旋翼逆时针方向旋转为正桨；如果机头正前方没有机臂对应安装，习惯性定义机头右前方为 1 号机臂安装 M1，对应旋翼为 1 号旋翼逆时针旋转为正桨。许多无人机生产制造商会根据自己的设计特点，按照自己开发的飞控算法对多旋翼的 1 号机臂的位置进行定义。

图 3-60　多旋翼的机架布局

以四轴多旋翼为例：按照 1 号机臂安装 1 号电机，逆时针方向确定电机顺序为 M1～M4。电机 M1 和 M3 逆时针旋转，电机 M2 和 M4 顺时针旋转，这样设计的目的是：当电机转速相等时，电机自身的反扭矩相互抵消，无人机的航向可保持不变。

三、多旋翼无人机的控制

所有旋翼都按相同转速旋转，产生相同大小的拉力，合力平衡，且作用在无人机中心处。如果要改变无人机状态，可通过改变各旋翼拉力实现。当各旋翼转速不同时，就会造成拉力不平衡，无人机的平衡状态将被破坏，飞行状态也将发生变化。

当无人机的所有电机的转速一致时，同时产生向上的拉力，当总拉力（即所有旋翼的拉力之和）大于无人机总重量时，无人机即可实现垂直上升；当总拉力小于总重量时，无人机就下降；当总拉力等于总重量时，无人机就保持高度不变进行悬停。在飞行中操控无人机的油门杆，增大或减小电机的转速，可以实现旋翼拉力的改变，当只进行油门杆的操控，保持其他通道在中立状态时，无人机将根据油门杆位置调节，同步改变所有电机转速，实现旋翼拉力的改变，从而实现飞机的上升、下降和悬停。多旋翼无人机的操纵中，当操纵人员加油门时，通过飞控调节，同时增大所有旋翼转速，无人机转入上升，如图 3-61 所示。加油门的量越大，旋翼转速增大越多，上升率越大；当收油门时，飞控同时减小所有旋翼转速，无人机转入下降，收油门的量越大，旋翼转速减小越多，下降率越大；当停止加减油门、使油门杆处于中立位置时，飞控自动调节旋翼转速，保持无人机在当前高度悬停。

飞控通过分别调整各个电机之间的转速，使之形成相应的转

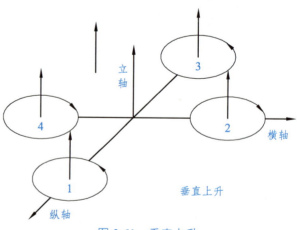

图 3-61　垂直上升

速差，来实现旋翼拉力的改变，形成不同方向的拉力分量，从而使无人机按照预想的进行相应的运动。

下面，主要以十字形机架布局和 X 形机架布局的四旋翼无人机为例，对各类运动的操控进行具体讲解。

（一）十字形机架布局四旋翼

1. 俯仰运动

操纵人员后拉操纵杆，改变电机 M1 和 M3 的转速，保持电机 M2 和 M4 的转速不变，则可使机身绕横轴旋转（正向和反向），实现无人机的俯仰运动。电机 M1 加速，带动 1 号旋翼加速增加机头方向拉力，电机 M3 减速，带动 3 号旋翼减速减小机尾方向拉力，使无人机形成上仰力矩，实现飞机上仰运动，如图 3-62 所示。旋翼转速改变时，1 号旋翼拉力的增大量与 3 号旋翼拉力的减小量相等，保持总拉力不变，即无人机高度不变。反之，操纵人员前推操纵杆，飞机则做下俯运动。

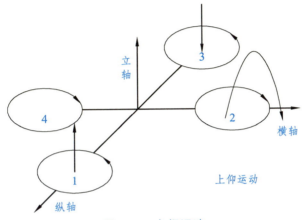

图 3-62　上仰运动

2. 滚转运动

操纵人员向左压操纵杆，改变电机 M2 和 M4 的转速，保持电机 M1 和 M3 的转速不变，则可使机身绕纵轴旋转（正向和反向），实现飞行器的滚转运动。电机 M4 加速，带动 4 号旋翼加速增大右侧向上拉力；同时相应减小电机 M2 转速，带动 2 号旋翼减速减小左侧拉力，使无人机形成左滚力矩，飞机实现向左滚转，如图 3-63 所示。旋翼转速改变时，4 号旋翼拉力的增大量与 2 号旋翼拉力的减小量相等，保持总拉力不变，即无人机高度不变。反之，操纵人员向右压操纵杆，飞机则向右滚转。

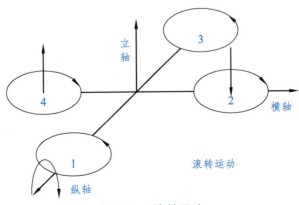

图 3-63　滚转运动

3. 偏转运动

多旋翼的偏转是利用 4 个电机转速不同造成的反作用力矩不同实现。当操纵人员向右打方向时，电机 M1 和 M3 的转速上升，旋翼逆时针方向的力矩增加，引起顺时针方向反扭矩增加；同时电机 M2 和 M4 的转速下降，旋翼顺时针方向力矩减小，引起逆时针方向反扭矩减小；机身在两个方向反扭矩的合理作用下绕立轴沿顺时针方向转动，实现飞行器的向右偏转运动，如图 3-64 所示。旋翼转速改变时，1 号和 3 号旋翼拉力的增大量与 2 号和 4 号旋翼拉力的减小量相等，保持总拉力不变，即无人机高度不变。反之，飞机则绕立轴沿逆时针方向转动。

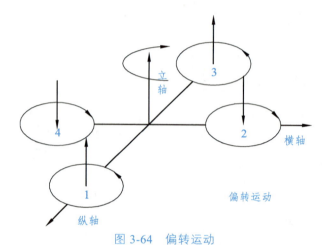

图 3-64　偏转运动

4. 前后运动

当操纵人员向前顶杆，电机 M3 转速增大，使 3 号旋翼拉力增大，同时，相应减小电机 M1 转速使 1 号旋翼拉力减小。无人机首先发生一定程度的俯仰倾斜，从而使旋翼拉力产生向前的水平分量，因此可以实现无人机的前飞运动，如图 3-65 所示。旋翼转速改变时，3 号旋翼拉力的增大量与 1 号旋翼拉力的减小量相等，保持总拉力不变，即无人机高度不变。向后飞行与向前飞行正好相反。

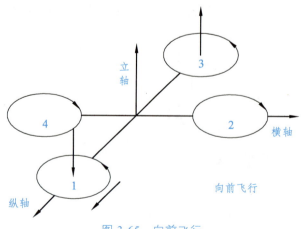

图 3-65　向前飞行

5. 侧向运动

由于无人机结构对称，所以侧向飞行的工作原理与前后运动完全一致。操纵人员向左压杆时，电机 M4 的转速增大，4 号旋翼拉力增加；同时相应减小电机 M2 的转速，2 号旋翼拉力减小；无人机先出现向左滚转，从而使旋翼拉力产生向左的水平分量，实现飞机向左侧的运动，如图 3-66 所示。旋翼转速改变时，4 号旋翼拉力的增大量与 2 号旋翼拉力的减小量相等，保持总拉力不变，即无人机高度不变。向左侧的侧向运动与之正好相反。

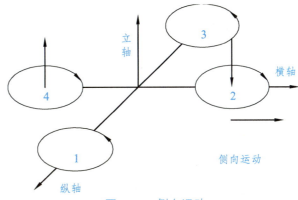

图 3-66　侧向运动

从上面分析可看出，多旋翼无人机绕横轴做俯仰运动或绕纵轴做滚转运动，都会引起无人机倾斜，总拉力也就向相应方向倾斜，无人机会向倾斜的方向运动，即俯仰运动和前后运动、滚转运动和侧向运动操纵相同。

（二）X 字形机架布局四旋翼

X 形布局与十字布局的区别可以看出是将机头位置水平转动 45°，无人机的运动我们就可以按照十字布局的运动规律来理解 X 形布局的运动特点。X 形布局无人机的垂直升降运动和十字布局完全相同，如图 3-67（a）所示，但前后和俯仰运动、侧向和滚转运动与十字布局相差 45°，就需 4 个旋翼同时改变拉力实现。

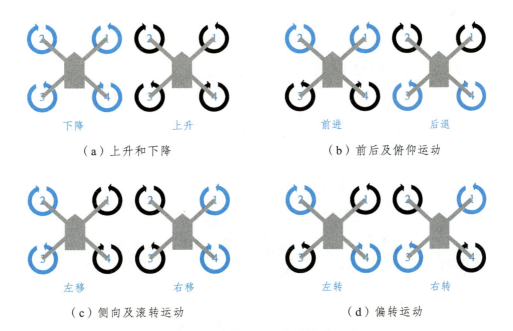

（a）上升和下降　　（b）前后及俯仰运动

（c）侧向及滚转运动　　（d）偏转运动

图 3-67　X 形布局无人机的各向运动

1. 前后及俯仰运动

操纵人员后拉操纵杆，按照机臂布局的实际特点，飞机要实现俯仰运动，在横轴前方的两个旋翼，即电机 M1、M2 加速带动对应旋翼力量增加，横轴后方两个旋翼，即电机 M3、M4 减速带动对应旋翼拉力减小，飞机机头上仰、无人机向后运动；反之，飞机机头下俯，无人机向前运动，如图 3-67（b）所示。

2. 滚转运动

操纵人员向右压操纵杆，按照纵轴对称面两侧分别进行电机的加减速，实现纵轴两侧对应旋翼拉力的增加和减小，则可使机身绕纵轴旋转（正向和反向），实现飞行器的滚转运动。电机 M2、M3 加速，带动 2、3 号旋翼加速，增大左侧向上拉力；同时相应减小电机 M1、M4 转速，带动 1、4 号旋翼减速，减小右侧拉力，使无人机形成右滚力矩，飞机实现向右滚转、无人机向右侧运动。反之，飞机则向左滚转、无人机向左侧运动，如图 3-67（c）所示。

3. 偏转运动

操纵人员向右打方向，电机 M1、M3 的转速上升，旋翼逆时针方向的力矩增加，引起顺时针方向反扭矩增加；同时电机 M2、M4 的转速下降，旋翼顺时针方向力矩减小，引起逆时针方向反扭矩减小；机身在两个方向反扭矩的合理作用下绕立轴沿顺时针方向转动，实现飞行器的偏转运动。反之，飞机则绕立轴沿逆时针方向转动，如图 3-67（d）图所示。

小结：多旋翼无人机通过各旋保持相同转速、产生均衡拉力，实现上升和下降；通过各旋翼不同转速、不同拉力，改变飞行状态。在改变状态但未加减油门的情况下，加速电机使拉力的增加量和减速电机使拉力的减小量保持平衡，总拉力保持不变，无人机的高度保持不变。

四、垂直起降固定翼

垂直起降固定翼（简称垂起固定翼）是近些年出现的新型无人机，可以充分利用多旋翼不需要烦琐的发射和回收装置、起降场地的优点，同时具备固定翼速度快、载荷量大、续航时间长的优势，如图 3-68 所示。

图 3-68　垂直起降固定翼

　　垂起固定翼是在固定翼飞机的基础上加装一套和多旋翼无人机一样的旋翼系统。在起飞时启动旋翼系统按多旋翼的操纵方法进行垂直起飞，离地后在一定高度悬停，检查好平衡后，然后启动固定翼的推进系统加速，待速度达到稳定飞行速度时，关闭旋翼系统，完全按照固定翼模式飞行。通常在有风的情况下飞行时，悬停中采用多旋翼的方式转向逆风方向再启动固定翼推进系统，可更快地达到固定翼所需的空速。在着陆时，启动旋翼系统，并关闭固定翼推进系统，在着陆区域进行悬停，然后用多旋翼模式垂直下降着陆。这类无人机的缺点是增配了一套垂起电机和旋翼，使结构更复杂，飞行中还增加了额外的重量。

　　垂起固定翼中还有共用旋翼和螺旋桨的特例，发动机可以在 90°范围内旋转，起降时发动机垂直向上，带动旋翼旋转，按旋翼模式起飞着陆；前飞时发动机旋转 90°，旋翼起螺旋桨作用，为飞机提供拉力或推力。

　　这种模式的有人机典型的例子是 V-22 鱼鹰直升机，如图 3-69 所示，它的优点是垂直起降和作为固定翼飞行共用一套推进系统，不用额外增加动力系统的重量，但结构更复杂、故障率更高。

图 3-69　V-22 鱼鹰直升机

　　这种模式的无人机多用于三旋翼的垂起固定翼，两副安装在可旋转发动机上的旋翼采用同型号的桨叶，使用中按相同方向旋转，再另配一副转速相反的、专用于起降的旋翼系统，如图 3-70 所示。起降时三副旋翼同时工作，起降专用旋翼的反扭矩与两副共用旋翼的反扭矩平衡，按多旋翼模式工作。前飞时，两副共用旋翼转动 90°，起螺旋桨的作用带动无人机飞行，同时起降旋翼关闭。与常规的垂起固定翼相比，它可在一定程度上减轻飞行中多一套系统所增加的重量，用于提升载重能力。

图 3-70　三旋翼垂起固定翼

参考文献

[1]   王永虎. 无人机空气动力学[M]. 成都：西南交通大学出版社，2022.

[2]   杨俊，等. 飞行原理[M]. 成都：西南交通大学出版社，2012.

[3]   钱宇，等. 直升机飞行原理与性能[M]. 北京：中国民航出版社，2018.

[4]   祝小平. 无人机设计手册[M]. 北京：国防工业出版社，2007.

[5]   杨宇. 无人机模拟飞行及操控技术[M]. 西安：西北工业大学出版社，2019.

[6]   全权. 多旋翼飞行器设计与控制[M]. 杜光勋，等，译. 北京：电子工业出版社，2018.